U0180125

定制化敏捷项目管理

Create Your Successful Agile Project

[美] Johanna Rothman 著

赵 波 译

华中科技大学出版社

中国·武汉

图书在版编目(CIP)数据

定制化敏捷项目管理 /(美)乔安娜·罗斯曼(Johanna Rothman)著；赵波译. —— 武汉：华中科技大学出版社，2020.12
ISBN 978-7-5680-1964-4

Ⅰ.①定… Ⅱ.①乔… ②赵… Ⅲ.①软件开发 – 项目管理 Ⅳ.①TP311.52

中国版本图书馆CIP数据核字(2020)第225791号

湖北省版权局著作权合同登记 图字：17-2020-214号

书　　名　定制化敏捷项目管理
　　　　　Dingzhihua Minjie Xiangmu Guanli
作　　者　[美] Johanna Rothman
译　　者　赵　波

策划编辑　徐定翔
责任编辑　徐定翔
责任监印　徐　露

出版发行　华中科技大学出版社（中国·武汉）　　电话　027–81321913
　　　　　武汉市东湖新技术开发区华工科技园　　邮编　430223
录　　排　武汉东橙品牌策划设计有限公司
印　　刷　湖北新华印务有限公司
开　　本　787mm × 960mm 1/16
印　　张　15.5
字　　数　244千字
版　　次　2020年12月第1版第1次印刷
定　　价　79.90元

致谢

Acknowledgments

没有人可以独自完成一本书。

感谢多年来参加研讨会的朋友，你们提出的问题给了我许多启发。感谢我的客户和我一起探讨他们独特的敏捷方法。感谢我的博客[1]读者，你们的评论进一步完善了我的想法。

感谢本书的审校者：Zvone Durcevic、Balaji Ganesh、Lorie Gordon、Matt Heusser、Carl Hume、Kathy Iberle、Mark Kilby、John Le Drew、Vikas Manchanda、Leland Newsome、Ryan Ripley、Amitai Schleier、Horia Sluşanschi、Rich Stone、Michael Tardiff、Joanna Vahlsing、Carl Weller、Terry Wiegmann、Serhiy Yevtushenko。

感谢我的编辑Katharine Dvorak。感谢Pragmatic Bookshelf的其他工作人员：Janet Furlow、Candace Cunningham、Potomac Indexing、Gilson Graphics。感谢他们为出版本书所做的工作。

Johanna Rothman

马萨诸塞州阿灵顿，2017 年 8 月

---

[1] http://www.jrothman.com/blog/mpd

前言

你的项目变成了烂摊子？管理办法行不通？产品发布太慢？缺陷太多？每个同事都要同时处理好几个任务？敏捷方法能解决这些问题吗？

也许吧。

敏捷方法有无数种具体的实施方案，团队要根据实际情况决定如何运用它。别以为有一种"放之四海皆准"的敏捷方法或者敏捷框架，可以一劳永逸地解决所有团队的问题。无视公司、团队、项目实际情况的敏捷方法是行不通的。

迄今为止，我还没见过一个无法运用敏捷方法的团队。相反，我见过许多成功的团队，他们对敏捷方法都有着自己独特的理解，而不是简单地照搬书上的教条和套用现成的框架。他们都找到了适合自己的敏捷原则和方法。

无论你是项目经理、技术负责人、Scrum 教练，还是其他类型的领导者，你都能从敏捷方法和精益原则中找到为你所用的东西，用它们完善你的项目。即使你无法接受敏捷方法的所有内容，仅仅通过鼓励团队协作、提高反馈和交付的频率，也能让项目获益。

这样做将让你的公司和团队创造出更大的价值。本书的主要内容就是讲解如何让产品开发团队反复地、持续地创造更大的价值。全书分为以下三个部分：

• 第一部分介绍敏捷团队的组建方法，以及团队如何学习合作。如果你是一位基层领导者（项目经理、Scrum 教练、技术领导），请从这里开始阅读；如果你是一位中高级管理者，希望了解敏捷方法的优势，这个部分将帮助你理解其中的原因。

• 第二部分介绍团队在运用敏捷方法的过程中有哪些选项，包括如何制定项目章程，如何规划工作，如何实现工作的可视化，如何提高构建质量，如何借助速度的概念提高项目的可预测性，如何理解"完成"的意义，如何提高会议效率，如何向外界报告进度等。这个部分的内容将帮助你设计出适合自己团队的敏捷实施方案。

· 第三部分介绍敏捷方法在公司层面的运用，包括工作组和管理者如何运用敏捷方法。如果你的团队不知道从哪里开始，可以读一读第 17 章的建议。

如果你是一位基层管理者，你可以从第 1 章开始按顺序阅读全书，以便更好地理解敏捷方法和精益原则。

如果你的团队成员分散在各地，请留意第 8 章的内容。你可以借助可视化的方式找到适合团队的工作节奏。

如何扩展是敏捷方法当下的热门话题。我的建议是，团队应该先找到适合自己的敏捷实施方案，然后再考虑扩展的问题。我不认为存在标准的敏捷方法。每个团队的情况都不一样，只要团队能持续创造价值，就应该允许大家选择适合自己的方案。

如果你希望用敏捷方法实现多个团队的协作，请阅读《Agile and Lean Program Management》[Rot16]。如果你想了解如何以敏捷的方式管理项目组合，请阅《Manage Your Project Portfolio》[Rot16a]。

你还可以阅读我写的有关扩展敏捷方法的系列文章，尤其是最后的总结部分。[2]请记住，扩展靠的不是使用现成的框架，而是让团队持续创造价值的能力。

如果你希望运用敏捷方法提高团队的工作效率，持续稳定地创造价值，那么这本书就是为你写的。让我们开始吧。

---

[2] https://www.jrothman.com/mpd/agile/2017/06/defining-scaling-agile-part-6-creating-the-agile-organization

目录
Table of Contents

第一部分 打造成功的敏捷团队

第三部分 工作组如何运用敏捷方法

第1章

为什么敏捷方法有效

Why Agile and Lean Approaches Work

如果你曾经遇到过以下这些问题，那么你应该考虑运用敏捷方法。

- 项目即将完成时突然接到通知：核心需求变了。
- 团队已经开始设计架构，却发现项目合同没有考虑到现在遇到的问题。
- 团队总是无法在预定日期发布产品，往往会延迟好几周。所有任务都只完成了一半，没有一个真正做完的。

敏捷方法可以解决这些问题，但你该选择哪种敏捷方法呢？有些人推崇 Scrum 的迭代，有些人推崇看板，甚至还有些人说："敏捷没有效果，以前没效果，以后也不会有效果。"

在开始考虑运用哪种敏捷方法之前，我先来讲讲敏捷方法为什么会存在？

1.1　我们遇到了问题
Software, We Have a Problem

我们无法在不知道产品是什么的情况下进行开发，对吗？可是在软件行业里，就算我们在动手之前拿到需求，开发过程也从来都不顺利。

二十世纪七十年代，我刚开始从事软件开发工作时，我们开发的都是"简单的"产品，只有命令行输入，没有视窗系统（视窗系统直到八十年代才出现）。那时显示器只有八阶灰度，没有色彩。鼠标直到八十年代中期才出现，计算机的处理能力也比现在差很多。当时，我们开发了一套自己的网络系统（TCP/IP直到九十年代才作为操作系统的一部分发布）。

即使是开发这些"简单的"项目，我也习惯自己做个原型，并且定期提交阶段性的成果，以确保我的工作没有偏离轨道。

八十年代末、九十年代初，随着计算机处理能力的提高，项目也变得越来越复杂，很多团队甚至无法正常完成项目。项目越大，情况就越糟糕。

卡内基梅隆大学在八十年代中期发布了软件能力成熟度模型（CMM），希望解决软件开发团队不能正常完成任务的问题。该模型现在发展成了软件能力成熟度集成模型（CMMI）。当时，Standish Group 的报告称，大多数软件项目或多或少存在问题，不是达不到要求，就是超预算和拖延工期。

大家都不满意。

1994 年，我在工作了近 20 年后成为了一名顾问。我评估项目和流程，通过培训和咨询帮助软件开发团队交付项目。我发现很多客户存在着类似的问题。

人们单纯地以为，只要把详细的需求文档交给软件开发团队，他们就能神奇地按要求交付你想要的东西。架构师以为，只要把设计好的架构交给开发团队，他们就能神奇地按设计开发出软件；开发者以为，只要把代码交给测试人员，所有功能就会神奇地通过测试。

串行交接的工作方式让人觉得舒适，也让人变得愚昧。人们居然以为，只要把工作交给其他人，自己就可以高枕无忧了。

大错特错。

八十年代末、九十年代初，许多开发者、测试人员、项目管理者意识到了这个问题：用试图预测一切的方式做设计，然后用串行开发方式实现是行不通的。

事实上，软件项目从来就不是一个人的事，你起码需要一个开发人员、一个测试人员、一个用户。项目团队（开发人员、测试人员）必须与用户合作才能开发出有价值的东西。

当然，设计应该尽可能预测所有可能遇到的情况，但我们对项目的认识总是随着开发的进行而加深的。只有在尝试解决问题的过程中，我们才能更清楚地定义问题。

软件开发并不是唯一需要互动、合作、反馈的活动，开发硬件和机械装置也需要这样做。即使是举办庆祝活动，举办方也需要与参加活动的人合作和沟通。任何具有不确定性的项目，都不适合用串行交接的方式开发，因为串行交接只有一次交付。交付越频繁，开发团队对项目的理解就越全面。

我在二十世纪七十年代就开始采用分阶段交付的工作方式。当时它还没有正式的名字。我只知道，我无法在项目之初完全理解整个项目。我必须隔一段时间就交付一部分功能，以便获得客户的反馈来调整我的工作（《Manage It!》[Rot07]）。

很多人有类似的经验。Hirotaka Takeuchi 和 Ikujiro Nonaka 在 1986 年出版了《The New New Product Development Game》[TN86]，书中第一次提到敏捷这个词。Christopher Meyer 则在 1993 年出版了《Fast Cycle Time: How to Align Purpose，Strategy，and Structure for Speed》[Mey93]。

二十世纪九十年代还出现了许多将精益思想用于软件开发的书籍：

•1996 年，James P. Womack 和 Daniel T. Jones 出版了《Lean Thinking》[WJ96]。

•1997 年，Don Reinertsen 出版了《Managing the Design Factory》[Rei97]。

•1998 年，Preston Smith 和 Don Reinertsen 出版了《Developing Products in Half the Time: New Rules，New Tools》[SR98]。

与此同时还出现了其他一些讨论软件开发团队如何从非串行工作方式中获益的书：

· 1992 年，Gerald M. Weinberg 出版了《Quality Software Management》[Wei92] 系列图书。

· 1996 年，Steve McConnell 出版了《Rapid Development》[McC96]，书中讨论了增量开发和工作的颗粒度。

· 1999 年，Jim Highsmith 出版了《Adaptive Software Development》[Hig99]，书中阐述了如何更灵活地开展项目。

· 2000 年，Kent Beck 出版了《Extreme Programming Explained: Embrace Change》[Bec00]，书中阐述了极限编程的思想。

· 2000 年，Andy Hunt 和 Dave Thomas 出版了《The Pragmatic Programmer: From Journeyman to Master》[HT00]，解释普通开发人员如何通过实务方法创造价值。

1998 年，我出版了《How to Use Inch-Pebbles When You Think You Can't》[Rot99]。2002 年，我完成了《Release Criteria: Is This Software Done?》[Rot02]。我用写作的方式推广多年的项目经验，讲解如何借助迭代和增量开发提高交付频率。

运用敏捷方法和精益思想开发软件并不是新想法。这些想法已经有几十年历史了。它们要求项目成员和管理者放弃预测和控制，拥抱变化和新的团队组织方式。

在 2001 年"敏捷宣言"出现之前，很多人早已在工作中运用其中的原则。敏捷方法之所以被人们接受，是因为它可以帮助团队创造价值。运用敏捷方法，开发团队可以更快更好地交付产品。

只要你采用了敏捷方法，不管多少，都会对项目有帮助。事实上，你可能需要将好几种敏捷方法结合起来使用。采用哪种实施方案完全取决于项目的具体情况，不存在"标准的"敏捷实施方案。让我们先看看敏捷方法应该是什么样子，然后再讨论如何根据具体情况运用敏捷方法。

1.2 敏捷是一种团队文化
Agile Is a Cultural Change

敏捷并不仅仅提高了工作节奏，没错，敏捷使用了迭代开发和增量开发，但敏捷更像一种团队文化。它是以创造价值为导向的、鼓励全员合作的、透明的团队文化。它能让团队持续地创造价值。

这种团队文化很可能与大家原来的团队文化不一样，加上它强调频繁交付以获取反馈，所以一开始不太容易被接受。

首先，让我们看看敏捷方法是什么样的。图 1-1 展示了通用的敏捷方法实施情况。产品负责人负责收集和筛选有关产品的需求，对它们的优先级进行排序，然后放到待办事项列表（backlog）中，交给开发团队开发。

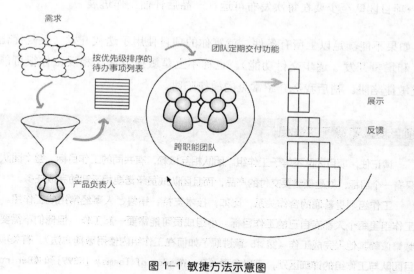

图 1-1 敏捷方法示意图

开发团队按优先级处理待办事项，定期交付可运行的产品，并展示工作成果，同时获取反馈意见。团队还要定期回顾工作。团队按这种方式开发完毕后，交付最终产品。

实施敏捷方法有几个关键点：团队协作、限制在制品（WIP）数量、频繁交付可运行的产品、定期回顾工作和开发过程。

以上这些要点共同构成了根据反馈学习的敏捷文化。真正的敏捷项目必须满足以下所有条件：

- 有一支跨职能团队，具备开发产品的必要能力和技能。

- 有一位产品负责人，他负责对外获取需求，然后决定待办事项及其优先级。项目团队只需要与产品负责人沟通。

- 项目团队能定期完成部分工作任务（我发现按天交付的团队比按周交付的团队进展更快）。每天完成部分工作可以帮助项目团队评估进度，及时获取反馈。

- 项目团队可以定期发布可运行的产品（我认为每两周至少要发布一次）。

- 项目团队至少要在每次发布可运行产品后评估工作进展。

如果不能满足以上所有条件，就算你的项目使用了迭代开发（反复优化功能）和增量开发（逐步交付功能），也称不上是敏捷方法。相反，你很可能会掉进敏捷陷阱。稍后我会介绍常见的敏捷陷阱。

项目团队不等于工作组

请记住，项目团队不等于工作组。团队相互依赖，有共同的工作目标。整个团队只有一个目标，就是最终要交付的产品，而且团队成员承诺要相互帮助完成任务。

工作组则是普通的合作关系，比如，技术支持、销售、人事经常组成工作组。工作组里每个人都有自己的工作目标。小组成员可能需要一起工作，但他们不需要频繁依赖其他人完成工作（第 15 章讲解了如何在工作组内使用敏捷方法）。有关项目团队与工作组的详细区别，可以参考《The Wisdom of Teams》[KS99] 和《Behind Closed Doors》[RD05]。

1.3 敏捷方法的 12 条原则
The 12 Principles of Agile Software Development

敏捷方法可以促进团队协作。如果你能坚持做到以下原则，就几乎每天都可以看到项目的进展，并且从客户那里持续获取反馈。以下是敏捷方法的 12 条原则。[1]

1. 尽早地、频繁地交付产品，以使客户满意；

2. 欢迎变化的需求；

3. 持续不断地交付可运行的软件；

4. 业务人员和开发人员通力合作；

5. 信任积极主动的团队成员，放手让他们工作；

6. 最高效的沟通方式是面对面交流；

7. 可运行的软件是衡量项目进展的首要依据；

8. 保持可持续的工作节奏；

9. 在技术和设计上精益求精；

10. 简单化，尽可能减少不必要工作，这是敏捷的根本；

11. 自我管理的团队能最有效地获取需求、完成架构设计；

12. 定期回顾、总结、调整。

敏捷的根本是可持续的开发节奏和技术上的精益求精。如果你习惯了增量开发和获取反馈，那么你自然就会欢迎变化，包括产品需求的变化和开发流程的变化。敏捷团队定期回顾、反思、调整工作。这些原则共同构成了敏捷文化。

---

[1] http://www.agilemanifesto.org/principles.html

1.4 精益的两大支柱
The Two Pillars of Lean

对许多团队来说，只有敏捷方法还不够，他们还需要精益思想。

精益思想因丰田生产制造系统出名（《Toyota Production System》[Ohn88]）。以往，人们认为精益思想只能用于工业制造。实际上，精益绝不仅仅是看板这样的工具，或者只是单件流水线。精益思想不仅可以用于工业制造，也可以用于软件开发。

精益思想有两大支柱：尊重人和持续改进。[2]这两大支柱可以帮助我们创建敏捷文化。运用敏捷方法的团队，如果能同时采纳精益思想，将更有利于敏捷方法的落地。

精益思想强调展示工作流程，这可以有效地提醒团队应用敏捷方法的价值。如果你对精益思想的起源感到好奇，可以阅读《Lean Thinking》[WJ96]、《Lean Product and Process Development》[War07]、《The Toyota Way》[Lik04]、《This Is Lean》[MA13]。

精益思想也有原则，以下是《Lean Software Development》[PP03]总结的软件开发中的精益原则：

1. 杜绝浪费；

2. 鼓励学习；

3. 尽量推迟决定；

4. 尽快交付；

5. 充分授权；

6. 贯彻质量意识；

7. 着眼大局。

---

[2] http://www.leanprimer.com/downloads/lean_primer.pdf

精益原则的重点是工作流程和跨职能团队的合作，而敏捷原则更强调频繁交付。

1.5 两种敏捷方法
Iteration- and Flow-Based Agile

敏捷方法可以分为两种：固定（迭代）周期的敏捷方法、基于工作流的敏捷方法。当然，你也可以将两者结合起来使用。

固定周期的敏捷方法是指迭代周期的长度是固定的，如图 1.2 所示。通常，迭代周期的长度为一周或两周。一旦时间结束，本轮迭代也就结束。这样做的理由是，如果随意改变迭代周期的长度，那么团队就无法估计一个迭代周期能完成多少工作。所以不应该轻易改变迭代周期的长度。

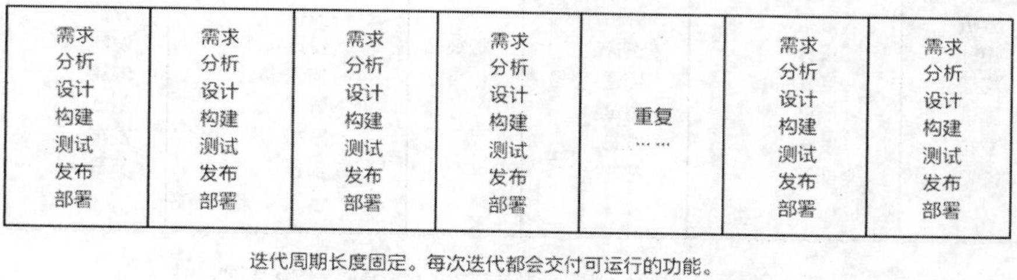

需求 分析 设计 构建 测试 发布 部署	需求 分析 设计 构建 测试 发布 部署	需求 分析 设计 构建 测试 发布 部署	需求 分析 设计 构建 测试 发布 部署	重复 ……	需求 分析 设计 构建 测试 发布 部署	需求 分析 设计 构建 测试 发布 部署

迭代周期长度固定。每次迭代都会交付可运行的功能。

图 1-2 固定周期的敏捷方法

在这种方式下，产品负责人和项目团队要根据实际情况共同决定在制品（WIP）的数量，也就是一个迭代周期能完成多少工作。通常是团队先做出预测，然后产品负责人根据实际完成情况做出调整。

为简便起见，图 1-2 中的每一次迭代都包含七项活动：需求、分析、设计、构建、测试、发布、部署。但是项目团队并非每次迭代都要完成发布和部署。

你也许以为这些活动是串行开展的。其实不是。项目团队有时会一起开展这些活动，每一次完成一两个功能。第 6 章还会就此做进一步解释。这里有一个简单的例子：在一次会议上，项目团队就某个功能讨论了多种设计方案，测试人员还写一点测试。在开发之前，团队就先做了一点的设计、评估、测试的工作。这就是我所说的非串行开展的意思。

如果采用固定周期的敏捷方法，那么团队的交付节奏、回顾节奏、学习节奏、做计划的节奏通常也都是固定的。

基于工作流的敏捷方法没有固定的迭代周期，团队通过限制在制品（WIP）的数量和跟踪每项任务的完成时间，确保当前的工作量不超过团队的处理能力，如图 1-3 所示。这样做的好处是，不会给团队施加过高的工作压力。同时，如果发现团队的工作量不饱和，随时可以从待办事项中拉入新的任务，从而保证团队可以持续地创造价值。团队可以根据自己的需要选择何时交付、回顾、反思、改进。

基于工作流的敏捷方法限制在制品数量，它没有固定的迭代周期。

图 1-3 基于工作流的敏捷方法

基于工作流的敏捷方法侧重于持续不断地完成任务，而固定周期的敏捷方法侧重于在固定的时间内完成规定任务。两者各有优势，应该根据团队的实际情况进行选择。

我自己更喜欢基于工作流的敏捷方法。我喜欢分析工作从哪里开始，在哪里出现了停滞，停滞了多久，等等。借助看板很容易展示这些内容，而固定周期的迭代本身不足以展示这些细节。

1.5.1　固定周期与自选节奏
Distinguish Between Iteration and Cadence

固定迭代周期一般是一到两周（或者更长，如果不着急获得反馈的话）。如果不打算采用固定周期，你就需要选择适合团队的节奏。我来讲讲两者的区别。

在迭代周期固定的情况下，交付、回顾、学习、计划的周期（或者叫节奏）通常也是固定，一般是在迭代开始的第一天做计划，在迭代结束那一天作回顾。而自选节奏意味着，你可以采用更灵活的交付、回顾、学习、计划节奏。

我所知道有一个团队一周内会交付好几次。他们每周至少会做一次计划，但时间不固定。团队每完成三个功能，就开始计划接下来的三个功能，做计划需要 20~30 分钟。每周五他们会作回顾（我自己通常会选周三或周四，参见 13.8 节）。

注意，这个团队的计划节奏和回顾节奏不一样：他们每周至少做一次计划，时间不固定；每周只做一次回顾，时间固定在周五。他们使用的不是固定周期的敏捷方法，而是基于工作流的敏捷方法。该团队找到了适合自己的工作节奏，这很棒。我们不一定要套用现成的敏捷框架。

选择固定周期还是自选节奏，完全取决于团队的实际情况。

1.6　运用敏捷方法的要点
Integrate the Agile and Lean Principles

运用敏捷方法和精益原则有什么好处？可以让跨职能的团队专心完成开发；一边工作，一边回顾；控制在制品的数量；尽早地、频繁地交付，以便获得反馈，同时促进与客户的合作；持续地改进和创造价值。接下来介绍运用敏捷方法的几个要点。

1.6.1　挑选敏捷方法
Consider How an Agile Approach Might Work for You

我常听到人们说他们在运用敏捷和 Scrum。让我解释一下，敏捷是一个总称，它包含许多方法，Scrum 只是其中之一。表 1-1 列出了常见的敏捷方法。

表 1–1 常见敏捷方法

名称	简介
极限编程	核心价值观是沟通、简单化、反馈、担当、尊重。
Scrum	有固定的迭代周期，提倡频繁交付。
DSDM（动态系统开发方法）	有固定的迭代周期，借助会议讨论确定需求。
Crystal	重视人的作用。根据团队规模和产品的重要性选择适合开发团队、销售、客户的方法。
功能驱动的开发方法	先制作低保真原型，然后采用增量开发，逐步交付功能。提倡为客户创造价值。
看板	用可视化的方式展示工作进度、以创造价值为导向、限制在制品数量、逐步交付。

Scrum 是一种项目管理框架，它是应用最广泛的敏捷方法[3]。Scrum 适用于一次只开发一个项目的团队，并且团队应该具备完成项目的所有能力和技巧。它采用固定的迭代周期，并且还需要一些特殊的角色，比如 Scrum 教练和产品负责人。此外，Srcum 还包含几项特殊的活动：

• 每日站会。

• 迭代前的计划会议，在 Scrum 中称为冲刺计划会议。

• 下一次迭代前的待办事项细化会议。

• 演示上一次迭代完成的工作，评估是否达标。在 Scrum 中称为冲刺评审会议。

• 迭代周期的最后进行回顾。

运用 Scrum 是有条件的。如果存在以下要求或情况，就不适合使用 Scrum。

---

[3] http://www.scrumguides.org/index.html

- 团队要同时开发多个项目，或者团队有可能暂停项目（比如中途去支援其他项目）。

- 团队成员分散在各地，时差在 4 个小时以上。比如，开发人员不得不频繁与有时差的测试人员协作。

- 团队不具备完成项目的所有能力和技巧，缺少关键角色，比如 UX 设计师和 DBA。

- 所有的工作任务都是相互独立的，而不是相互依赖的。团队不需要合作。

我见过有些团队运用敏捷方法和精益原则逐步设计出适合自己的敏捷方案，而不是套用某个现成的敏捷方法。我建议大家都这样做。

1.6.2　尽可能缩短迭代周期
Keep Your Iteration Duration Short

如果使用迭代开发，应该选多长的迭代周期呢？越短越好。无论是采用固定周期，还是选择更灵活的节奏，迭代周期都应该越短越好，这样才不会错过最佳的改进机会。

举个例子，如果你知道客户可以接受六个月发布一次产品，那你应该等六个月发布一次吗？事实上，不管客户能否接受六个月发布一次，你都应该至少每两周（十个工作日）发布一次。

大多数团队将迭代周期定为一周或两周，也就是五个或十个工作日。

> **Joe 提问：**
> **为什么要用工作日计算迭代周期？**
>
> 我按五个工作日计算一周，而不是七天，因为我们一周工作五天而不是七天。
>
> 如果把周末也算进去，那么大家每天都要干活。问题是，这样连续工作不休息难以持续下去。你可以为了项目最后冲刺要求大家连续工作两周，但不能长期这样做。
>
> 也许有人不习惯周一到周五工作，而是习惯周日到周四工作，没关系，只要记录五天就行。

经验告诉我，迭代周期超过 10 天很容易掉进瀑布式开发的陷阱。对超过 10 个工作日的迭代周期，一定要引起注意。

如果你决定使用固定周期，可以选择标准的迭代周期，以便及时获取反馈意见。

如果你决定使用基于工作流的敏捷方法，就可以采用更灵活的节奏，哪怕只完成一个功能，也能进行内部发布。

开始迭代前，先要开一个简短的计划会议，决定将哪些用户故事（以下简称故事）放到待办事项列表里。团队成员同意在本次迭代中完成它们。迭代结束后，团队向产品负责人展示此次迭代完成的功能。团队还要作回顾，以便做出改进。在演示和回顾的过程中，项目团队和产品负责人可以在达成一致意见的情况下调整接下来的待办事项列表。如此循环直到满足项目的发布标准。

1.6.3　树立敏捷观念
Create Your Agile Mindset

敏捷观念重视团队的合作与反馈，相信小步快跑及频繁检查进度的作用，相信团队合作能开发出了不起的产品，相信敏捷方法和增益原则可以指导你的工作。

有些人第一次运用敏捷方法会遇到困难。他们太追求完美了，不把工作做到最好，就不愿意展示给别人看。

这是行不通的。敏捷观念提倡先动手做点东西出来，展示给别人看，获取反馈意见，然后从反馈中学习，做出改进（见图 1-4）。

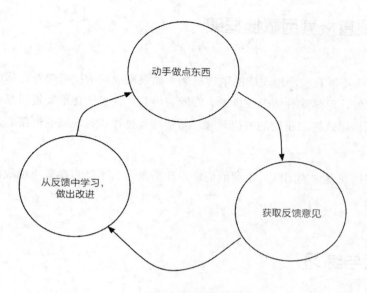

图 1-4　敏捷观念

Carol Dweck 在《Mindset: The New Psychology of Success》[Dwe07]一书中介绍了两种心态：固执心态与成长心态（见表 1-2）。我发现培养团队的成长心态可以更好地树立敏捷观念。

表 1-2　固执心态与成长心态

固执心态	成长心态
能力是一种天分，是与生俱来的	能力可以通过努力工作提高
回避挑战，遇到困难就放弃	挑战是机遇，坚持就能成功
不愿费心费力，不愿意努力	努力是掌握技能的必要条件
拒绝听别人的反馈意见	从反馈中学习
遇到挫折总是责怪别人。因挫折而气馁	愈挫愈奋，再接再厉
害怕别人成功	因别人的成功而受到鼓舞

成长心态有助于团队不断地通过尝试学习和成长。学习运用敏捷方法需要一个适应过程，如果团队拥有成长心态，就能更快地完成这个适应过程。

1.6.4　不要直接套用敏捷框架
Avoid Frameworks Until You Understand Your Context

为什么不能直接套用现成的敏捷框架？如果现成的敏捷框架符合你的需求，那当然很好，但是这种情况很少见。经验告诉我，许多敏捷框架过于呆板，无法帮助项目团队树立正确的敏捷观念，而管理者往往认为现成的框架就是团队需要的。

你应该观察你的团队，了解他们特点和需求，而不是直接套用现成的敏捷框架。

1.7　思考与练习
Now Try This

1. 固定周期和基于工作流的敏捷方法哪一种更适合你的团队？也许在你要求项目团队建立敏捷文化之前，可以先提高工作的透明度。

2. 习惯相互指责和推诿责任的团队将难以运用敏捷方法，你的团队是这样的吗？第 16.6 节会详细讨论这个话题。

3. 你该如何树立敏捷观念？

我们已经对敏捷方法有了大致的了解，接下来让我们来讲讲敏捷团队应该是什么样的。

第一部分

打造成功的敏捷团队

Create a Successful Agile Team

第 2 章

建立完整的协作团队

Build the Cross-Functional, Collaborative Team

你一定有过这样的经历：有一个非常重要的客户正焦急地等待一个新功能，开发人员已经完成开发，但测试还没有完成。为什么？因为测试人员正在忙其他项目，或者忙着测试其他程序。

或者你缺的不是测试人员，而是用 UX 设计师或者 DBA。总之，你缺少完成项目的关键因素：一支有经验的、跨职能的完整团队。

完整的团队是指能独立交付项目的团队，它是完成敏捷项目的关键因素。那么，如何建立一支完整的团队呢？

2.1 完整的产品开发团队
The Project Team Is a Product-Development Team

确保团队可以独立交付项目的一个办法是把团队视为产品开发团队。当人们考虑产品开发而不是项目开发的时候，他们就更容易发现团队还缺少那些能力和角色。

你需要开发什么样的产品？如果产品用到了数据库，那么团队就需要 DBA 或者懂数据建模的人。如果产品必须提供用户文档，那么团队就需要会写文档的人。如果产品对性能和可靠性的要求很高，那么团队就需要有架构设计能力的人。

每个项目和团队的情况都不相同，所以我无法预测谁应该加入你的团队。不过我建议敏捷团队都要有一位全职的产品负责人。产品负责人是 Scrum 里的角色，在行业内被广泛采用。我用它指代在项目中和团队进行沟通并创建待办事项列表的人。

考虑能力，而不是人

在考虑团队需要哪些角色时，应该考虑需要哪些能力，而不是需要多少人。因为团队成员可能具有多种能力（参见《The Nature of Software Development》[Jef15]和《MoreAgile Testing》[CG14]）。

开发人员可能不是优秀的系统测试人员，但他们也许可以为创建自动化测试框架做贡献。有些开发人员也许具有 UI 设计方面的天赋，或者某位运维人员也可以做数据库方面的开发。

团队每个人都有自己的专业，除此之外，还应该尽可能发掘大家的额外能力。

刚开始学习使用敏捷方法的团队，最好有一位敏捷教练。运用敏捷方法要求团队改变原来的观念，这对许多人来说并不容易。敏捷教练可以给大家必要的指导。

我习惯把团队中所有人都称为"开发者"，因为这可以提醒大家自己的工作是开发产品。有些人写的代码是对外的，他们是程序员；有些人写的代码是对内的，他们是测试人员；有些人编写文档；有些人负责集成。大家有一个共同的目标：频繁地交付产品功能。

完整的敏捷团队必须满足以下要求：

- 团队拥有完成任务所需的能力和技巧。
- 团队不会临时更换指定功能的开发人员。

• 团队有共同的项目目标。

• 团队成员是自己工作的主人。大家承诺完成分内的工作，并对自己的工作负责。

• 团队不会在迭代过程中更换人员。

• 团队人员稳定，大家可以一起工作学习，从而加深对业务领域的理解。

• 团队不能随意更改设定好的迭代目标。

如果你希望实现频繁交付，那么团队就需要足够的开发人员和测试人员。具体需要哪些角色取决于你开发的产品。

2.2 敏捷方法对团队角色的要求
Agile Changes Team Roles

你可能已经习惯了由项目经理规划工作。敏捷方法改变了这种做法。在敏捷项目中，决定团队何时开发哪些功能（包括技术债务和 bug）的是产品负责人和客户。

然后由敏捷团队自己决定如何开展工作。团队将自己完成架构设计，而且团队可以说服产品负责人调整待办事项列表，以便更高效地完成任务。

> **Joe 提问：**
> **我需要稳定的、完整的敏捷团队吗？**
>
> 首先，你需要一支稳定的团队。团队的人员流动性越大，工作效率就越低（见 2.7 节）。因为人们需要时间来学会合作，互相信任。人员变动越频繁，开发成本就越高。
> 其次，你需要一支完整的团队。如果团队缺少完成项目的关键角色，那么你就必须等待有人来帮你。
> 稳定的、完整的敏捷团队才能保证快速开发和交付产品。

敏捷团队应该有能力独立完成项目的所有设计工作，而不需要向外人求助，既不需要额外的架构师，也不需要额外的 UX 设计师。团队将自主决定如何完成任务（见第 9 章）。

敏捷项目团队的成员可以包含架构师和项目经理。他们也是团队的一部分，也可以贡献代码（见第 4 章）。

由于团队要独立工作，所以有必要控制团队人数，才能充分发挥合作效果。

2.3 团队规模
Team Size Matters

我更喜欢 4 到 6 人的小团队。多年来，我观察过许多超过 9 人的团队，它们都缺少小团队的那种"亲密感"。超过 9 人的团队往往缺乏轻松沟通的能力，这是因为团队的沟通路径太多。

协作团队需要实现一对一沟通，每个人都要与其他人交流。这种沟通越充分，合作效率就越高。图 2-1 是 6 人团队的沟通路径图。我按从外到内、从上到下，从左到右的顺序给沟通路径编了号。

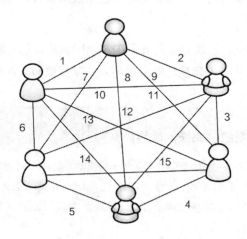

图 2-1　6 人团队需要 15 条沟通路径

沟通路径会随着团队成员的增加而迅速增加。假设团队人数为 N，则沟通路径数的计算公式为：N*(N-1)/2。表 2-1 列出了从 4 人团队到 10 人团队的沟通路径数。

表 2-1 常见的团队沟通路径数

团队人数	沟通路径数
4	(4*3)/2=6
5	(5*4)/2=10
6	(6*5)/2=15
7	(7*6)/2=21
8	(8*7)/2=24
9	(9*8)/2=36
10	(10*9)/2=45

5 个人总共需要 10 条沟通路径。8 个人需要 24 条沟通路径。超过 21 条沟通路径，很多人就无法和所有团队成员进行沟通，他们会选择与谁共事以及忽视谁。如果团队达到 10 人，沟通路径数将是 45，那就几乎无法完成有效的沟通。

如果团队达到 10 人，大家会自发地分组工作。但是，他们不会按人数平均分组（比如分成两个 5 人的小组）。幸运的话，他们会按功能分组；不幸的话，他们会按派系分组。

通常，按功能划分和组织的小团队比大团队更容易完成任务。如果你有一支很大的团队，那么可以考虑用以下几种方式缩小团队：

•简化故事，以便缩小团队（参见 6.8 节）。

•按功能或功能集划分团队。如果你是按架构划分团队的，请改成按功能划分。每个功能团队的规模不超过 6 个人。例如，可以按搜索功能、管理功能、计费功能来划分。如果团队的人数还是太多，则可以做进一步的划分。例如，把搜索进一步划分成"简单搜索"和"在结果中搜索"。

•如果上述办法还不见效，那就考虑能否让团队成员兼任多职，从而减少人数。

如果你不得不管理大型团队，请考虑跟踪记录团队的工作进度，观察每个成员的工作效率，以免掉进相关陷阱（参见 2.8 节）。

2.4 自行组织团队
Ask Teams to Organize Themselves

如果团队已经习惯了按功能（开发、测试）或架构（前端、后端、中间件）进行组织，那么你可以让大家自行组织功能团队。

与其由管理者划分团队、调配人员，不如请大家自愿选择和组织功能团队。

\!/ Joe 提问：
由管理者分配人员有什么弊端？

管理者往往不了解大家的想法，不知道团队成员希望学习什么技能。管理者知道某个人做过什么工作，却不知道他还有哪些潜能。

管理者只能根据专业分配人员，这样做看似可以提高效率，其实会降低效率。让团队成员自行选择感兴趣的工作，他们就会有更大的工作动力。主动工作的人能更快地掌握技能。

让团队成员自行决定参与开发哪些功能，以及与谁一起工作，他们就能创造更大的价值（参考《Creating Great Teams》[MM15]）。

如果同事在一个地点工作，可以召集大家开会自行组织团队。先宣布需要完成哪些功能：管理、诊断、搜索等。把这些功能分别写在白纸上，挂在房间的各处，让大家把自己的名字写在希望参与的功能下面。

检查每个团队是否缺少必要的角色，帮助缺少角色的团队补充人员。根据我的经验，最常见的是缺少产品负责人、UI/UX 设计以及测试角色。

如果大家不在一个地点工作，可以借助通信工具开展上述会议。在这种情况下，口碑较好的产品负责人往往能吸引曾与他共事过的人组成团队。

如果你的公司原来更重视人员的利用率（参见 16.3 节），那么请做好心理准备，因为自行组织也许无法做到每个团队都完整。

遇到这种情况，可以要求团队成员结对工作（两个人坐在一起开发一个功能），甚至开展攻关（所有团队成员一起开发一个功能）。这样，他们就很容易发现团队还需要哪些角色，以便及时物色人选（有关结对和攻关，请参考 9.5 节）。

经验告诉我，敏捷团队的人数保持在四至六人比较合适（如两三位开发人员、一位测试人员、一位产品负责人）。每个人的情况可能不同，可以先做试验，找到合适的人数。

2.5 形成团队约定
Facilitate the Team's Social Contract

团队人员确定后，就该帮助它创建敏捷文化了。这种文化可以帮助团队成员更好地协作。Edgar Schein 在《Organizational Culture and Leadership》[Sch10] 中将组织文化定义为：人们可以说什么、如何相处、如何获得奖励。

你可以把团队文化看成某种工作约定。由于敏捷方法与以往的工作方式不同，所以你最好帮助团队明确提出属于自己的工作约定。

团队成员可以借助团队约定说明他们愿意按哪种方式工作。这样就可以最大限度地避免说一套做一套的情况。

2.5.1 要求团队提出价值声明
Ask the Team to Consider Its Values

这里的价值声明是指人们彼此合作与相处的方式。团队成员可以借此讨论协作方式、工作重点，以及对彼此的承诺。我们可以采用 Dhaval Panchal 的方法来提出价值声明。[4]

---

[4] http://www.dhavalpanchal.com/sharing-values-a-team-building-exercise

1. 召集大家开会，时长约 30 分钟。

2. 为每个人提供卡片和笔。

3. 请每个人在卡片上写下两到五句这样的话：我不喜欢别人……

4. 将小组成员两两分组。

5. 两两合作，将卡片上的话改成相反的意思，作为价值声明。如果原来是"我不喜欢别人告诉我该怎么做"，可以改成"我喜欢大家一起讨论，决定采用哪种技术"。

6. 请每个小组大声念出自己的价值声明。主持人负责将价值声明写到白纸上，事后张贴到工作区。

现在，团队以积极的方式提出了价值声明，可以形成团队约定了。

2.5.2 形成团队约定
Ask the Team to Develop Working Agreements

团队约定说明了团队成员的合作方式，包括对"任务完成"的定义、开会的基本规则和其他团队规范。下面是常见的一些团队约定。

•共同工作时段：团队一起工作的时段，在这个时段内大家可以随时找到其他成员。

•"任务完成"的标准：团队对"任务完成"的详细定义（参见第 11 章）。

•会议规则：如果有人迟到或者缺席，如何处理？

•选择自动化：团队要决定自动化的内容和实现时间。

•如何响应紧急请求：如果团队接到支援其他项目的请求（停下手头的工作），该如何处理。

将可持续的开发节奏作为团队约定之一

可持续的开发节奏是指团队可以按照这种速度持续不断地工作下去。如果团队工作负荷过高，从长远来看，是不可持续的。

重视持续改进且尊重成员的团队很容易发现负荷过高和过低都会影响工作效率。

经验告诉我，如果团队可以保持可持续的开发节奏，那么他们就能自由地选择合作方式（如结对、攻关），就能与产品负责人密切合作控制故事的规模，就能尝试各种方案、精益求精。

可持续的开发节奏能保证团队充分发挥敏捷方法的作用，不断创造更大的价值。

你可以根据自己的情况添加团队约定的内容，只要能促进团队协作就行。

2.6 敏捷团队是自我管理的
Agile Teams Become Self-Organizing

一旦团队理解了如何一起工作，它就会走向自我管理。J. Richard Hackman 在《Leading Teams》[Hac02] 一书定义了 4 种团队：被领导的团队、自我指导团队、自我管理团队、独立团队（见表 2-2）。

没有哪个团队能在短时间内从被领导状态进入自我管理状态。通常，公司也不会给予团队足够的自由。你的团队可以先过渡到自我指导的状态，然后逐渐进入自我管理的状态。

表 2-2 四种团队对比

	被领导的团队	自我指导的团队	自我管理的团队	独立团队
设定总方向	管理者	管理者	管理者	团队
设计团队及工作环境	管理者	管理者	团队	团队
监督和管理工作流程和进度	管理者	团队	团队	团队
执行任务	团队	团队	团队	团队

敏捷团队的管理者只负责创建团队并设定总方向，剩下的任务就由敏捷团队自己负责。他们自己管理和监督自己的工作，自己制订计划，然后按计划交付产品。

虽然很少有团队能自己决定招聘谁和解雇谁，但是敏捷团队至少要有权利决定谁能加入团队，这样才能实现团队的自我管理。管理者不能替敏捷团队招人，但是他可以协助敏捷团队招人（参见"Hiring Geeks That Fit"[Rot13]）。

管理者（如项目经理、技术经理、产品负责人）的工作主要是为团队服务。Scrum 指南就明确说明 Scrum master 的任务是为团队服务[5]（如何服务，请参考4.1 节）。

2.7　让团队在工作中学习合作
Keep Teams Together

团队需要时间学习如何合作，而且只能在工作中学习。

不要把时间浪费在没用的团队建设活动上。这些活动也许很有趣，但它们并不能帮助大家学习合作。

我习惯用 Bruce Tuckman 提出的团队合作阶段模型来衡量团队的合作水平（参见[TJ77]）。该模型分成 4 个阶段：组队（Forming）、磨合（Storming）、规范（Norming）、卓越（Performing），如图 2-1 所示。

---

[5] http://www.scrumguides.org/index.html

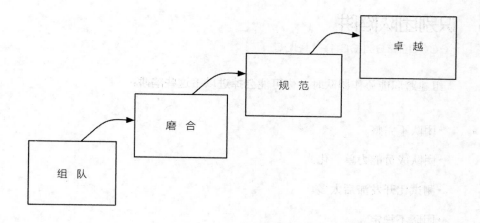

图 2-1 团队合作阶段模型

首先，需要组成一个团队（无论是自发的，还是有人指定的），大家愿意尝试在一起工作。

人们刚开始在一起工作，难免发生冲突。比如，A 不喜欢 B 做决定的方式，或者大家衡量工作结果的标准不一致。团队在这个阶段进行磨合。

过了一段时间，大家逐渐形成了默契。比如，开发人员决定用统一的风格注释代码、测试人员商量好哪些部分用自动化测试、大家渐渐发现彼此容易犯哪些错误、如何发现问题、团队里谁有决定权，等等。换句话说，团队学会了相互反馈和彼此支持，形成了共同的规范。

在最后的卓越阶段，团队开始高效运转，创造价值。在这个阶段，高效的合作几乎成为了团队成员的本能。团队将有能力自行处理各种问题。

高效的敏捷团队至少要进入规范阶段，最好能进入卓越阶段。这需要时间，而且只能通过工作磨合，除此以外，别无他法。团队在一起工作得越多，效果就越好。

2.8　识别团队陷阱
Recognize Team Traps

组建跨职能协作团队时，你可能会掉进以下这些陷阱：

- 团队不完整。

- 团队成员能力单一化。

- 测试比开发滞后太多。

- 团队不稳定。

- 团队工作压力过大。

- 团队被动听从管理者的指令。

- 团队成员抵触合作。

如果你遇到了这些问题，可以尝试用以下方法解决。

2.8.1　陷阱：团队不完整
Trap: Your Teams Are Component Teams

你的团队缺少完成任务的关键角色（比如 DBA 或 UX 设计师）。你们需要其他人或其他团队的帮助，否则就无法完成任务。

解决办法：

- 邀请相应的角色加入团队全职工作几个星期。在这几个星期里，他的工作都要采用结对或攻关的方式进行（参见 9.5 节）。即便与他一起工作的团队成员无法变成专家，也能加深该团队成员对该领域的理解，从而减少对专业人员的依赖。

- 向上级报告团队缺少完成任务的必要角色，申请增加人手。

- 如果上级更看重人员利用率，那你可能很难要到人（参见 16.3 节）。这时你可以借助看板显示开发进度（参见 12.6 节），向上级解释招人的必要性。

2.8.2 陷阱：团队成员能力单一化
Trap: The Team Consists of Narrow Experts

现代化分工造成人的专业和技能越来越狭窄，但是敏捷团队需要的是通才。通常，一个人的专业知识越深，他的能力范围就越窄。图 2-2 展示了专家与通才的区别。

能力单一的专家　　　　　　　　　　具备多种技能的通才

图 2-2　专家与通才的区别

每个人都有自己喜欢做的事。我自己更喜欢和操作系统、算法打交道。我也能设计用户界面、测试代码，但那都不是我的特长。

我可以算是具有专长的通才。我有自己的特长，同时我也愿意为了完成团队目标随时为同事补位。敏捷团队里这样的人越多，你需要的人就越少。

如果你发现团队成员能力单一，那么可以试试以下应对措施：

•确保管理者和奖励制度更重视持续创造价值，而不是人员利用率（参见 16.3 节）。

•限制团队的 WIP 数量（比如少于一半的人数），这样团队成员就不得不一起完成任务。通过做观察和记录，测算出团队在给定时间内能承受的合理 WIP 数量。

•考虑开展午餐学习会。在午餐期间，请一位成员讲解他的专业知识。

•采用结对或攻关的开发方式避免团队成员的能力进一步单一化（参见 9.5 节）。

我发现，合作的方式可以很好地解决团队成员能力单一化的问题。

2.8.3 陷阱：测试比开发滞后太多

Trap: Developers and Testers Work in Successive or Staggered Iterations

我见过有些项目的开发人员和测试人员不在一个团队里工作。开发人员在为期两周的迭代中完成开发任务，但是测试人员无法在该次迭代中完成测试任务。测试进度至少落后了两周（见图 2-3）。这时，迭代周期被人为拉长了。

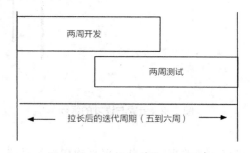

图 2-3　开发和测试间隔时间太长

串行工作以及人手不足是造成这个问题的主要原因，那么如何减少测试的滞后呢？请考虑以下方法：

• 使用看板，显示任务在何处出现等待状态、在等待谁。

• 跟踪记录 WIP，展示处在等待状态的任务数量，证明团队缺少必要的角色。

• 参考第 2.4 节的建议。

测试大幅滞后于开发，这既不敏捷，也不精益，一定要设法解决。

2.8.4 陷阱：团队不稳定

Trap: Team Membership Is Not Stable

有些管理者总是担心人员没有得到充分的利用，所以要求下属同时参与几个团队或几个项目。这些管理者实际上陷入了人员利用率的陷阱。

团队人员越稳定，就越容易形成规范。每当有人加入或离开团队时，团队都要花时间重新磨合和建立对彼此的信任。只要发生人员变动，团队的工作效率就会下降。请尽可能保持团队稳定。

2.8.5 陷阱：团队工作压力过大
Trap: The Team Pushes Its Pace

敏捷团队应该保持可持续的工作节奏。如果团队出现以下现象，说明大家的工作压力太大了：

- 团队总是在即将演示的前一刻才完成工作。
- 大伙提出希望休息，比如，在两次迭代之间休息几天或一周。
- 团队一直在加班。

开发卓越的产品需要每个人保持最好的状态。经验告诉我，要求人们加班是摧毁创造力的最有效方法。

2.8.6 陷阱：团队被动听从管理者的指令
Trap: The Team Requires Permission from Distant Managers to Solve Problems

有些公司有能力很强的技术经理或项目经理，开发团队只有在他们的领导下才能完成工作。

这类管理者往往把人看成资源。他们会设计解决方案，制定工作计划，要求团队按照计划完成任务。但是这种做法与敏捷方法是冲突的。遇到这样的管理者，你可以试试以下办法：

- 请他们暂时放手，让团队尝试自己用敏捷方法完成任务。
- 请他们从旁协助，而不是直接干预团队的工作。
- 设法让他们了解敏捷方法的益处。

有关管理者如何协助敏捷团队的内容，请参考第 16 章。

28.7 陷阱：团队成员抵触合作
Trap: Team Members Are Wary of Collaboration

每个人都有自己喜欢的工作方式，有些人喜欢在团队里工作，有些人不喜欢（参考《Cultures and Organizations》[HHM10]）。

有时人们讨厌在团队里工作，是因为企业制度更强调个人的作用，强调相互竞争（参考《Organizational Culture and Leadership》[Sch10]）。

如果你遇到这种情况，可以尝试用以下方法解决：

• 开展短期合作的试验，找到大家都能接受的合作方式。

• 如果公司强调相互竞争，而且只奖励个人的工作，那将妨碍敏捷方法的实施。你应该向管理层反映这个问题（参见 8.5 节）。

• 向公司上下解释过分强调人员利用率的弊端（参见 16.3 节）。

• 逐一找有抵触情绪的团队成员面谈，了解他们的顾忌，设法化解。

• 无论你怎么做，都要尊重别人的感受，不要把你的想法强加给别人。如果有人对敏捷方法不感兴趣，不要强迫他们采用敏捷方法。

通过合作，逐步邀请大家采用敏捷方法。如果效果不好，也请实话实说。也许现在运用敏捷方法的时机还不成熟。

2.9 思考与练习
Now Try This

1. 你的团队是否具备完成任务的所有角色？如果你不确定，可以问问团队成员。

2. 如果团队缺少必要的角色，你该怎么办？

3. 团队人数是否超过了 9 人？团队人数过多会带来哪些隐患？

第 3 章

培养团队的协作能力

Build Teamwork with Interpersonal Practices

一位负责研发的副总曾经问我,为什么他的团队不像团队,彼此缺少信任。他觉得自己团队创造的价值远低于实际水平。这让他很困惑。

其实,这个问题是由他的思维方式造成的。他把团队成员看成一种资源,随意地将他们从一个项目里撤出来,派到另一个项目里。他还鼓励大家相互竞争,引发紧张的对立情绪。这样做只会让大家回避合作。

他的团队成员也像他一样,把同事看成一种资源。大家知道公司会考核他们的业绩排名,所以谁都不愿意向他人寻求帮助。团队内部实际上是一种竞争关系,而不是合作关系。

他们当然不像一个团队。

资源只能调配,无法合作。只有人才懂得合作。如果你希望大家像团队一样工作,就不能把他们当成资源使用。

敏捷方法是以人为本的协作式开发方法,它要求团队通过协作提高开发能力。

技术开发者大多不擅长与人打交道。他们选择从事技术工作,主要是因为喜欢解决问题。很多人是在工作中逐渐学习和提高协作能力的,因为有些任务只能同过协作完成。敏捷方法既需要解决问题的能力，也需要协作能力。

协作是在工作中相互反馈、相互指导、共担风险的能力。

> **协作能力不是软技能**
>
> 很多人把协作能力定义为软技能。我觉得不妥。软字容易让人联想到简单和肤浅的东西。实际上，协作能力对人的理解能力、实践能力、学习能力都有很高的要求。培养协作能力甚至比培养技术能力更难。

敏捷团队至少需要两种协作能力：相互反馈的能力和相互指导的能力。这样才能为探索性的工作创造稳定的环境，才能让大家从工作中学习，才能实现频繁交付。

接下来，我们看看成功的敏捷团队的相似之处。

3.1 敏捷团队的相似之处
How Agile Team Members Are Similar

每个敏捷团队是独一无二的。尽管如此，成功的敏捷团队对仍然有一些共性，表现如下：

- 团队成员愿意彼此合作。

- 团队成员可以互相求助。

- 团队成员适应能力强，愿意接受有挑战的任务，哪怕超出了自己的专业范围。

此外，很多敏捷团队在工作中还表现出以下特点：

- 结果够用就好（不追求完美）。

- 小步试错，接受反馈，快速迭代。

•只要能帮助团队完成任务，愿意承担不擅长的工作。

表现出以上特点的团队有勇气承担困难的工作。他们能设置长期目标，一步一个脚印，坚持不懈地完成任务。

3.2 让团队成员练习相互反馈
Team Members Practice Continual Feedback

很多人每年只收到一次反馈，那就是领导对他的年度绩效考核。这种反馈大多都很模糊，而且来得太迟了。敏捷团队应该在工作中练习相互反馈，而不是只接受领导自上而下的反馈。同事之间基于数据和事实的相互反馈是最有用的。

及时反馈提高了我们的发布频率

作者：Gwen，敏捷项目经理

我们有一个习惯使用瀑布模型的团队，以前的项目都是串行开发，只需要交付一次。我希望改用增量开发的方式，以便及时获得有关产品及工作流程的反馈。

我要求团队尽可能做到每周交付一次，并且要求大家不带责备地相互反馈问题，反馈要讲数据和事实。

我们花了大概一周时间，每天反复练习，让大家习惯相互反馈，确保他们知道如何提出和接受反馈。效果简直出人意料：我们的交付频率大大提高了，不管是产品还是开发方式都得到了改善。真是太棒了！

同事之间相互反馈能够促进合作与学习，提高团队的适应能力。

反馈是"有关过去行为的信息，它可能影响未来的行为"（参见[Wei15]）。

你还可以采用我在《Behind Closed Doors》[RD05]中总结的平等反馈方法：

•创造反馈机会。

• 用对方能接受的方式描述行为或结果。

• 描述自己受到的影响。

• 请对方做出改进。

无论你希望对方做得更好，还是改正错误，都可以用这套方法。

我们来看看这套方法在实际工作中的运用。假设有一款产品需要支持多种语言，一位新来的测试人员 Dave 发现英文版有问题。他又检查了法语和西班牙语的版本，发现也存在同样的问题。于是他提交了三份缺陷报告（每个版本一份）。以下是开发人员 Judy 与他的对话：

Judy：嘿，Dave，有空吗？我想和你谈谈你提交的缺陷。

Dave：好的，你说吧。

Judy：我们去会议室吧。你也许还不太了解我们提交语言版本问题的惯例。像这种情况，我们只会提交一个缺陷，而你提交了三个相同的缺陷。你明白吗？

Dave：哦，我不知道。这样做有问题吗？

Judy：这与我们的工作习惯不一样。往后你能把这样的缺陷合并起来，只提交一个缺陷吗？

Dave：好的，没问题。如果我发现了三个独立的问题怎么办？

Judy：那就都提交！别担心，如果你不确定，可以随时来问我。你也可以问其他人。

Dave：这样可以吗？我以为只有我对质量负责。

Judy：当然可以，我们都要对质量负责。你的任务是发现问题，而且你做到了，只需要改变一下习惯就行。

Dave：好的。谢谢。

Dave 犯了一个错误。Judy 向他反馈了问题，并且对他做了必要的指导。

非工作问题也可以反馈。Dirk 有难闻的体味，与他结对开发的 Selma 忍受不了他的味道。下面是 Selma 的反馈方式。

Dirk：你准备好结对开发了吗，Selma？

Selma：我有更重要的事情跟你聊，我们坐下来谈谈吧。

Dirk：你搞得我好紧张。

Selma：嗯，我也有点紧张。Dirk，你身上的气味不太好。本来我不想说，但它影响了我们一起工作。

Dirk：哦，对不起。你什么时候发现的？

Selma：上个月。

Dirk：好吧，至少你现在告诉了我。也许我的衣服没洗干净。你觉得我应该马上回家处理，还是先完成今天的结对工作？

Selma：我觉得你应该回去洗个澡，换身衣服。

Dirk：好的。我和老板说一下。

敏捷团队必须具备提供反馈和接受反馈的能力，这种反馈既包括工作内容，也包括工作环境。[6]

反馈与关系

如果人们听不进反馈，或者你找不到机会反馈，那就说明你们的关系出现了问题。如果大家不认可数据，那么你就要问问自己：

为什么会得出这样的结论？

你应该反馈数据和事实，而不是情绪。提出反馈一定要留心，确保用数据说话，就事论事，不要随便给人贴标签。还有，别忘了描述问题对你的影响。

反馈既可以鼓励对方做得更好，也可以帮助对方改正错误。相比之下，后者更难一些，需要更多的练习。

3.3 团队成员互相指导
Team Members Coach Each Other

在有凝聚力的敏捷团队里，你随时可以听到各种反馈。团队成员一起工作、

---

[6] http://www.jrothman.com/articles/2012/10/building-a-team-through-feedback-2

试验、学习时，经常会发生这样的对话：

• "如果你用这个办法，结果会更好。" "我不会，你教教我。"

• "嘿，有没有人知道为什么这个测试会返回这样的结果？" "我们还没有修复这部分问题。让我们一起看看。"

• "太好了。" "谢谢你告诉我。"

反馈不一定要采用正式的形式。如果你没有听到类似上述这样的对话，那么团队可能陷入了反馈不足的陷阱（参见 3.8.1 节）。

提供反馈后，可以视情况为对方提供指导。不是每个人都喜欢被指导，所以在开始指导前要征得对方的同意。强行指导对双方都没有好处（参见 3.8.2 节）。

我发现指导别人学习新技能时，最好鼓励对方自己动脑筋，而不是把结论一股脑都扔给他。如果对方没有思路，我会给一点提示引导他思考。

敏捷团队应该相互反馈和相互指导，以便共同完成工作任务。当团队成员不知道该如何解决问题时，他们也许会要求培训和指导。你有责任为此提供必要的条件。

3.4　判断团队何时需要外部指导
Recognize When the Team Needs an External Coach

软件开发是合作性的工作，也是迄今为止最具挑战性的工作之一。有些问题也许需要请外部指导来解决。

指导分为很多种，有些提供技术细节上的指导，有些为团队协作提供指导，有些为公司战略提供指导。需要哪种指导，要看团队的需求（见表 3-1）。

表 3-1 各种指导的区别

顾问： "你动手，我提供咨询服务。"	教练： "你做得很好，下次试试另一种方法。"	伙伴： "我们一起动手做，相互学习。"
参与者： "你动手，我参与流程。"	老师： "解决这类问题有几条原则。"	榜样： "我动手，你学习。"
观察者： "你动手，我告诉你观察结果。"	技术指导： "你动手，我答疑。"	实操专家： "我替你做，我告诉你这么做。"

刚开始合作的团队也许需要持续集成、测试驱动开发（TDD）、结对编程方面的指导。如果团队的工作流程上存在障碍，那么就需要流程优化方面的指导。如果障碍来自公司文化，那就需要针对公司层面的指导（参见 4.1 节）。

3.5 跟踪记录团队的合作情况
Does the Team Need to Track Collaboration?

对那些还不习惯相互反馈和相互指导的团队，可以用跟踪记录的方式促进大家的合作。

这个方法尤其适合解决团队缺乏合作、成员各自为政的问题。你可以自己设计记录板，或者借鉴下面这个示例。

图 3-1 所示的是某团队使用的记录板。他们刚开始时用 A 代表求助，用 O 代表帮助。后来他们觉得改用彩色贴纸更直观，也更方便。

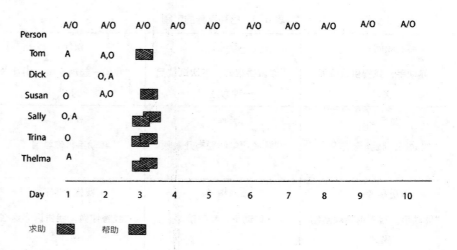

图 3-1   合作情况记录板

鼓励团队设法跟踪记录合作情况，比如，除了记录求助和帮助的数量，还可以限制 WIP 数量，然后记录团队的实际完成情况。团队可以根据自己的需求设计记录板，找到最合适的方式。

3.6   帮助团队成员建立信任
Help the Team Members Build Trust

稳定的团队可以通过共事建立信任。专心工作、相互反馈、相互指导的团队可以建立起彼此信任的关系。

新团队也许还没有机会建立信任。Robert C. Solomon 在《Building Trust in Business, Politics, Relationships, and Life》[SF01]中指出，能够做到以下几点的人更容易获得信任：

•守信。

•行动和反应保持一致。

•坚持诚信工作。

• 愿意沟通和商量。

• 相信自己，也信任同事。

敏捷方法可以帮助团队认清任务。相互反馈、相互指导可以帮助大家防患于未然，及时消除隐患。

协作能力本身不能保证团队建立互信。但是，提高协作能力能促进团队成员之间的信任。

3.7 创造有安全感的团队环境
Create a Team Environment of Safety

协作能力与工作环境是相互促进的关系。团队需要有安全感的环境来促进协作能力，而促进协作能力又反过来提高安全感。

Amy C. Edmondson 曾指出彼此合作的团队需要安全感（[Edm12]）。这种安全感为团队成员一起讨论、探索、学习提供了心理上的保证。

安全感很重要
作者：Jim，研发副总裁

起初，我对心理安全的提法嗤之以鼻。后来我发现有些团队的表现比其他团队好得多。我借午餐的机会向大家了解情况，有了重要的发现。所有业绩差的团队都至少有一个所谓的组长。

我以前采用的是分级管理模式，架构设计、开发，甚至测试都有自己的组长。我把他们看成我的"左膀右臂"。我真是错得离谱！那时，团队要按这些人的要求开展工作。没有人敢表达不同的意见。大家都担心别人因此对自己有看法。

我认识到了自己的错误。我逐一找组长沟通，解释我发现的问题。他们都同意试着卸下管理角色。一位架构师甚至觉得这是一种解脱，因为他再也不需要扮演"全知全能"了。我们开始鼓励大家自己动手实践，摸索提高工作效率的方法。

大约用了 6 个月时间，大家才习惯在保留不同意见的情况下舒服地一起工作。现在，我的"左膀右臂"反而更多了。

人只有在能够自由地提出问题和质疑的环境下工作，才会觉得安全。我不需要那种一团和气的氛围。有安全感的团队能够更快更好地交付产品。

有安全感的团队可以更好地处理不确定的任务，他们可以通过做试验尽早发现问题，并从中学习。这样的团队更乐于承认错误和发现错误。

你可以用以下方式提高团队的安全感：

• 鼓励从试验中学习。

• 使用清晰直接的语言。

• 承认自己的无知。

• 勇于承认失败。

• 为个人决策和团队决策设定界限。

提高团队安全感的根本方法是创建一个环境，让团队成员能够安全地承担风险。

3.7.1　安全感有助于团队发现风险和解决问题
Safety Helps the Team Evaluate and Recover from Risks

传统项目是由项目经理管理风险，他们通常会问："如果发生这种情况，我们如何处理？"但这往往不奏效。而有安全感的团队能够主动防范错误。

防范错误的重要性

作者：Trevor，技术主管

我们团队每两周发布一次，合作一直很顺利。但我没有意识到，我们并不完全了解别人的工作。

我不知道 Joe 每次发布前都会做一些手工检查。有一次 Joe 去度假了，我们让 Susie 替代 Joe 的工作。

结果发布失败了。我们不得不退回之前的版本。以前发布的 20 个版本都很顺利，唯独这次失败了。事后我才发现原因。

Joe 每次发布前都会做手动检查，但没有记录在案。我和 Susie 都不知道。从那以后，我们决定用自动化方法代替手动检查，这样就不会再犯同样的错误了。

我们没有互相指责，而是马上采取了行动，确保这个错误不会再次发生。同时，我们也对其他隐患做了类似的处理。

有安全感的团队更有可能在萌芽阶段发现风险，并且考虑如何化解。

传统团队更强调预防风险和控制风险，敏捷团队则更强调快速解决问题。为此，你应该赋予团队成员解决问题的权力，并鼓励他们从失败中学习。

3.7.2 让团队自己管理人事
Teams Manage Their Own Membership

许多公司有严格的招聘流程：经理填写申请，经理填写岗位要求，经理通打电话筛选应聘者，经理决定由谁面试应聘者，经理决定招聘谁。

如果你想建立高效协作的团队，那就应该让经理从旁协助招聘，而不是控制招聘流程。应该让团队自己决定招聘谁、淘汰谁。

具有人事管理权的团队会发展得更健康，因为他们最清楚需要什么样的人，而且也愿意花时间指导新成员。缺少人事管理权的团队遇到新成员无法融入团队的概率会大得多。

我们常常因为技能招聘人，却常常因为对方无法融入团队而解雇他。如何招聘具有协作能力的人，可以请参考"Hiring Geeks That Fit"[Rot13]。

3.7.3 尽早学习而不是快速失败
Learn Early Instead of Failing Fast

敏捷方法提倡快速失败，可"失败"是个贬义词。

与其提倡快速失败，不如提倡尽早学习。我发现提倡尽早学习能创造了一种更积极的心态。所谓学习是指通过一些小的、安全的试验来测试不确定的结果。

如果整个团队都能做到尽早学习，他们就能通过各种试验来获取信息。协作与学习有助于提高团队的安全感和适应性，从而避免大家在某个想法或功能上孤注一掷。

3.7.4 安全感能让团队相互尊重
Safety Allows the Team to Build Respect

能够相互反馈、相互指导、自我管理的团队才能获得安全感，才能高效地合作和试错。

David Rock 提出的 SCARF 模型[Roc08]指出：地位、确定性、自主权、相互关系、公平性是影响安全感的几项重要指标。

SCARF 模型还总结了几种妨碍合作的情况：

• 团队成员地位不平等，比如高层管理者参与团队工作。

• 团队对下一步的工作感到不确定。任务越不确定，团队就越感到不安。

• 团队没有足够的自我管理权，无法按自己希望的方式工作，大家觉得束手束脚。

• 团队缺少人事管理权。管理者频繁将团队成员调走，或者随意给团队增加成员，导致团队很难培养出稳固的合作关系。

• 成员或团队受到不公平的待遇。

造成团队地位不平等的原因，除高层管理者外，还有外来的架构师。团队应该有自己的架构师。

敏捷团队的工作节奏很快，如果要求他们采用外部的架构设计，很可能会留下安全隐患，包括代码或测试方面的问题。

团队应该有自己的架构师，而且他应该将自己的专业知识传授给其他成员。

你可以考虑让大家一起合作完成一些工作，比如：

- 架构设计

- 自动化测试

- 其他可以促进协作的技术实践

维护团队成员的平等地位、提高下一步工作的确定性、让团队自己管理人事，公平地对待每一个人，这些都有助于提高团队的安全感。

3.8 识别协作陷阱
Recognize Interpersonal-Skills Traps

在发展团队协作关系的过程中，可能会出现以下 3 个陷阱：

- 团队成员之间缺少相互反馈。

- 个别团队成员好为人师。

- 三明治式反馈。

下面介绍识别和规避这些陷阱的方法。

3.8.1 陷阱：团队成员之间缺少相互反馈
Trap: Not Enough Feedback

敏捷团队应该通过相互学习开展合作。健康的团队应该频繁地交流工作情况。

传统的公司总是要求员工独立解决问题，完成任务。因为任务越困难，个人得到奖赏和认可就越高，所以人们习惯单打独斗。

但是这种独立工作的思维方式不适合敏捷团队。敏捷团队应该相互帮助，协同工作。我们不再奖励个人的工作，而是奖励团队的工作。

我们不希望人们单打独斗，更不希望他们宁愿被任务卡住，也不向其他人求助。如果你发现了这样的情况，可以考虑以下解决方法：

• 给单人任务设置时限，如果超过 15 分钟还没有进展，那就必须向其他人求助。

• 采用小黄鸭调试法。[7]这种调试方式有时比与他人一起调试更有效。（参考我的另一篇文章[8]）

• 用结对或攻关的方式解决问题。每个人都自己的专长，应该发挥集体的智慧。如果几个人还解决不了问题（如无法开展测试驱动开发、无法拆解故事等），那就要考虑开展培训或者请教练给大家做指导（参见 9.5 节）。

如果你发现团队缺少交流，就应该问问团队成员是否收到了足够的反馈。然后采取相应的措施（参见 3.5 节）。

3.8.2　陷阱：个别团队成员好为人师
Trap: Inflicting Help

没有反馈不行，但反馈太多也不合适。有些团队成员喜欢指导别人，而不顾对方是否愿意接受，应该制止这种现象。

在没有征得别人同意的情况下，不应强行指导。如果你发现这种现象，可以考虑以下解决方法：

• 找"好为人师"者谈话，把你的顾虑告诉他。这通常就能解决问题了。

• 给"好为人师"者解释各种指导的区别（见表 3-1），找到更合适的指导形式。

• 询问被指导的人，是否需要帮助。只有在得到允许的情况下，才能开展指导。

如果你发现有人"好为人师"，应该先向双方了解情况，然后再根据具体情况采取必要的措施。

7　https://en.wikipedia.org/wiki/Rubber_duck_debugging
8　http://www.jrothman.com/mpd/thinking/2016/06/tell-your-problems-to-the-duck

3.8.3　陷阱：三明治式反馈
Trap: The Feedback Sandwich

有些人的反馈方式很奇怪，比如"三明治式反馈"。"三明治式反馈"是指反馈内容不统一，比如对方先是讲如何改进现有任务，然后又建议换一种方式重做一遍，最后又讲如何改进现有任务。我很讨厌这种反馈方式。如果你想提供反馈，最好自己先拿定主意。

提供反馈之前，你应该：

• 问问自己，对方究竟需要哪种反馈。

• 问问对方希望听到哪种反馈。

• 如果必须提供两种反馈，可以分两次反馈，一次反馈一种。

如何用大家乐于接受的方式提供反馈，需要通过反复练习来掌握。反馈也应该采用"敏捷"的方式，越简洁效果越好。

3.9　思考与练习
Now Try This

1. 请团队成员用匿名的方式对团队的相互反馈情况打分。在一张白纸上依次画出 5 个区域，其中 1 代表一点都不舒服，5 代表很舒服。请大家在便利贴上写下分数，然后贴到相应的区域（打分时我通常会离场，这样大家才能自由打分）。等大家打完分，问问大家对结果有什么看法。根据大家的回答，采取相应的措施。

2. 请团队成员对相互指导的情况打分。同样可以使用上述办法。

3.请团队成员对团队安全感打分。然后考虑如何进一步提高团队的安全感。

了解如何培养团队的协作能力后，我们再谈谈领导能力的话题。

第 4 章

敏捷团队的领导方式

Agile Requires Different Project Leadership

所有项目都需要某种程度的管理，但并非所有项目都需要项目经理（尤其是敏捷项目）。事实上，如果你有一个完整的跨职能团队，并且团队中每个人都具有敏捷思维，那么就不需要项目经理。然而，我还没有在运用敏捷方法的新团队中看到过这种情况。

第一次运用敏捷方法的团队可能需要一名项目经理或者敏捷教练，帮助团队熟悉敏捷过程，并完成必要的改造。这位项目经理还能保护团队，避免出现"管理混乱"的现象（参见 16.6 节）。敏捷项目经理的作用是为团队服务，消除团队创造价值的障碍。

传统团队是由项目经理管理团队的工作和进度，大家都向项目经理汇报工作。但是敏捷团队要求成员互相反馈，共同对工作和进度负责，因此需要不一样的领导方式。

敏捷团队不需要来自外部的居高临下的管理。事实上，这种管理通常会降低团队的安全感，影响团队协作。敏捷团队需要的是服务型的领导。

4.1 领导者如何为团队服务
How Leaders Serve the Team

如果你习惯了传统的项目管理，你可能会问敏捷团队由谁来管理和安排工作。答案是由团队自己决定怎么开展工作。团队按照他们的喜好来安排工作，没有人负责分配工作任务。

由一个人给另一个人分配工作任务，那是用命令和控制进行管理。这样做效率低，而且结果往往不理想。敏捷团队实行自我管理。产品负责人只解释他希望看到什么结果。团队自行决定如何完成任务。

敏捷项目经理、敏捷教练、产品负责人都是服务者。他们为团队服务，而不是相反。

KentKeith 在《The Case for Servant Leadership》[Kei08]中给出了服务型领导者的 7 个特征：

1. 自觉。

2. 善于倾听。

3. 为团队其他人服务。

4. 帮助其他人成长。

5. 指导其他人，而不是控制其他人。

6. 激发其他人的工作热情，启发其他人的智慧。

7. 擅长做出预判，以便提前采取行动，而不是被动做出反应。

服务型领导者应该为团队的工作创造便利。

我为团队服务，不是为管理者服务

作者：James，产品负责人

我刚刚成为一名产品负责人就遇到了困难。

我是团队的唯一领导者，但是上面的开发经理总是不经过我允许就随便给团队成员安排任务。

我觉得这样下去不行，就向他们提出抗议。我告诉他们，不能再这样随意给我的团队成员增加任务。他们必须先获得我和团队的允许。

其中一位经理问："你不是服务型的领导者吗？"我说是的。他接着说："那你应该为我们服务呀。"

我觉得这个说法不对。我说："我为团队服务，不是为你服务。"我找到我的上司，告诉他刚才的事。他说："你做得对！"

服务型领导者不是懦夫或傻瓜。他们为团队服务，做团队需要他们做的事。不要害怕来自上面的压力，团队会感谢你的。

4.2　敏捷项目经理为团队创造便利
Agile Project Managers Facilitate to Serve

敏捷项目经理应该为团队完成任务提供便利和服务，同时还要识别和管理风险。以下是敏捷项目经理可以为团队做的一些事：

• 建立和理顺流程。刚开始运用敏捷方法的团队尤其需要这方面的指导。

• 消除团队成员无法克服的障碍。有些问题来自组织层面，团队无法解决，只能由敏捷项目经理出面协调解决。

• 借助展示板跟踪记录团队的开发速度、工期等。

• 协助产品负责人定义下一次迭代的故事。新产品负责人可能不懂如何精简故事。

• 协助团队确定项目愿景。

• 协助团队制定发布标准。

• 协助形成团队约定，比如对"任务完成"的定义。

敏捷项目经理还要帮助团队识别和管理风险，比如：

· 降低管理层不切实际的期望。许多的高级管理者以为敏捷就是"更多、更快、更便宜",而不明白敏捷团队也需要学习,学习敏捷方法以及如何开展工作。

· 合理规划项目,避免团队在不同的项目之间来回切换,同时确保团队的完整和稳定。

· 在必要时获取更多的资源。

· 确保交付周期较长的制品按时就位。这对涉及硬件或机械零件的项目尤其重要。

此外,敏捷项目经理有时还需要代表团队向管理层汇报工作状态和工作成果(见第 14 章)。

在 Scrum 里,敏捷项目经理也叫 Scrum master。我不太喜欢"主人"这样的称谓,好在其他敏捷方法都用"敏捷项目经理"的叫法。

服务型领导能创造更大的价值

作者:Sherry,敏捷项目经理

在我们采用敏捷方法之前,我一直是团队的中心。我要给每位同事安排工作计划,还要听他们汇报工作进度。采用敏捷方法后,我不再直接为团队安排工作(这项工作交给了产品负责人),而是从旁为团队提供便利和服务。我的工作重心发生了变化。

现在我需要频繁与高层管理人员沟通,让他们理解敏捷方法的特点。比如,为了让管理层为团队分配 UX 设计师,我必须向他们解释完整和稳定的团队对持续创造价值的重要性。

大概三个月后,我们看到了效果。

我不再是团队的中心,团队也不再依赖我完成交付。相反,我帮助大家创造了更大的价值。

敏捷项目经理尤其应该让管理层理解,如果希望敏捷团队持续地创造价值,就不能过分强调人员的利用率。

以下是敏捷项目经理不应该做的事情：

- 为团队分配工作。

- 替团队估算工作量。

- 替团队接受任务（功能、故事等）。

- 替团队承诺交付日期。

- 替团队接受项目约束条件。

传统的瀑布式开发是先收集需求，然后做分析，接着做设计⋯⋯一个阶段的工作完成后才会进入下一个阶段。它也没有产品负责人这样的角色。项目经理负责评估需求、安排任务、按时交付。

而敏捷方法由产品负责人决定任务的执行顺序，通常是采用滚动开发的方式。比如先计划四周的工作任务，等团队完成第一周的任务后，再增加一周的任务，这样计划总是维持在四周的规模（参见《Manage It!》[Rot07]）。

产品负责人决定团队接下来要开发哪些功能，以及这些功能的优先级。产品负责人决定何时调整计划。敏捷项目经理可以给予产品负责人建议和帮助，但是负责制订计划的人是产品负责人。

产品负责人还要完成传统项目经理的一些工作：

- 统筹管理来自外部的任务。

- 决定交付内容，以便团队能集中精力工作。

- 制订滚动开发计划，让团队可以看到近期的工作内容。

产品负责人要决定当前开发的功能，定义验收标准，并随时向团队解释故事的含义。这意味着每个敏捷团队都需要一位产品负责人。两个团队不可能共用一位产品负责人（参考 4.6.3 节）。

4.3 产品负责人要做些什么
What Product Owners Do

对敏捷团队来说，产品负责人代表客户。产品负责人的主要工作目标是确保团队始终完成最有价值的工作。为此，他必须慎重地制定待办事项列表、定义故事。

为了完成这个目标，产品负责人需要收集各种信息，包括与产品经理合作制定产品路线图。

产品负责人给待办事项排序的具体方法可以参考第 6 章的内容。

4.4 敏捷项目中角色的变化
How Roles Change in Agile Projects

由于敏捷团队自己决定如何开展工作，因此项目经理和产品负责人的角色都会发生变化。敏捷项目经理的角色变为从外围为团队提供便利和服务，而产品负责人则要决定团队具体执行哪些任务，以及何时完成。

有些产品负责人不适应这种变化，于是引发以下问题：

• 产品负责人认为没必要将故事分解成团队每天可以完成的任务。

• 产品负责人认为没必要让团队参与定义故事。

• 产品负责人认为不需要解决系统的遗留问题。

对那些不理解自己角色的产品负责人，敏捷项目经理应该及时给予指导。比如，如果敏捷项目经理发现故事过于复杂，可以协助产品负责人对故事进行拆分。

> **Joe 提问：**
> **我们需要敏捷教练吗？**
>
> 敏捷教练在行业中随处可见。我们的团队需要吗？
>
> 知道一种方法和知道如何使用这种方法是两码事。如果团队知道如何定义故事和开展自动化测试，那么就不需要任何培训。如果团队不懂如何定义故事和开展自动化测试，那就需要敏捷教练了。
>
> 培训可以让人们知道新方法，而教练能让方法落地。
>
> 刚开始运用敏捷方法的团队尤其需要敏捷教练。这种团队通常包含中层和高层管理者。这些人大多缺少敏捷开发的经验，因此很难理敏捷方法如何具体实施和落地。
>
> 敏捷教练除了指导团队，还可以指导那些希望使用敏捷方法的管理人员。

4.5 团队不需要"管理"
Consider Your Team's Need for Management

传统的项目经理控制着团队的工作。我见过不少人强迫他人完成工作。我不喜欢这种做法。我不喜欢把人当动物对待，更不喜欢把人当成"任务"管理。

我发现更高效的管理方式是尊重同事、告诉大家我期望的结果、提供必要的帮助。

你的团队不需要"管理"，他们需要你为他们服务，帮助他们扫除障碍。

4.6 识别领导陷阱
Recognize Leadership Traps

除了控制型管理陷阱外，还有几种常见的管理陷阱：

- 团队有不止一位产品负责人。

- 团队没有产品负责人。

- 由业务分析人员代替产品负责人。

4.6.1　陷阱：团队有不止一位产品负责人

Trap: One Team Has Several People Acting as Product Owner

我曾遇到这样的情况，产品经理为了完成任务，想方设法争取开发团队为自己工作。但由于开发人员有限，结果往往是好几个产品经理共同作为开发团队的产品负责人。比如，开发团队既要完成产品经理 A 的项目，又要完成产品经理 B 的项目。

有时，这几位产品经理会把几个项目混合在一起制定待办事项列表。更糟的情况下，他们会要求开发团队只为自己的项目工作。

敏捷团队应该有自己的产品负责人，由他代表团队与产品经理沟通。绝不能让产品经理直接给开发团队安排任务。如果公司有多个项目同时进行，应该有人出面协调，避免多位产品经理发生冲突。

4.6.2　陷阱：团队没有产品负责人

Trap: Your Team Has No Product Owner

如果敏捷团队没有产品负责人，会发生什么情况？团队怎么知道要开发哪些功能，怎么知道按什么顺序开发呢？

我见过几种没有产品负责人的情况：

•由产品经理充当产品负责人。产品经理不可能一直与敏捷团队待在一起，而且产品经理缺少足够的领域知识。

•由其他管理者兼任产品负责人。首先，这类管理者还有自己的本职工作，结果是团队实际上没有了产品负责人。其次，这些管理者往往既不清楚验收标准，也不知道项目应该按什么顺序开发。就算他是一位技术经理，懂得如何处理以上问题，他的关注点也是具体的实现方式，而不是如何定义故事和制订计划。最后，管理者参与开发团队还有可能降低团队的安全感（参见《Weird Ideas That Work》[Sut06]）。

•两个团队共享一位产品负责人。敏捷团队需要一名全职的产品负责人。他负责规划待办事项，以便团队知道按什么顺序开展工作，什么时候交付。

　　产品负责人在某种程度上代表客户。如果团队没有产品负责人，它就无法实现敏捷方法提倡的"客户协作"，就无法理解客户和产品，也就没有人能像顾客那样对功能进行排序。

　　其他管理者不能兼任产品负责人，因为他们也无法代表客户。他们不知道团队是否在按正确的顺序开发功能。

　　缺少产品负责人的团队不是敏捷团队。敏捷团队有明确的分工。产品负责人通过创建路线图和待办事项决定团队解决哪些问题。团队则通过架构设计和技术决策决定如何解决这些问题。缺少产品负责人的团队无法实现这种分工。

　　开发产品需要开发人员与业务人员共同合作。除了开发外，我们还需要法律、市场、销售等方面的业务知识。这就是为什么我们需要一个产品负责人，让他代表业务方与开发人员合作，让每一次迭代都体现业务价值。

　　产品负责人有许多工作要做。如果团队缺少产品负责人，开发团队就无法理解产品的战略意图，也不知道接下来要做什么。

　　如果开发团队被迫去理解产品的战略意图，那就意味着业务人员放弃了对产品的责任。这绝不是敏捷方法提倡的合作关系。

　　要发挥敏捷方法的优势，团队必须有一位产品负责人，而且他不能承担开发工作。他的任务是代表客户和业务方对要实现的功能进行划分和排序，从而保证团队始终完成最有价值的工作。

4.6.3　陷阱：由业务分析人员代替产品负责人

Trap: Your Team Has a Business Analyst Masquerading as a Product Owner

　　有些公司认为可以让业务分析人员（例如产品经理）代替产品负责人。我还从来没见过这种做法成功过。

　　业务分析人员（如产品经理）是一个面向外部的职位，他要拜访客户，收集有关产品的数据。而产品负责人是一个面向内部的职位，他要为开发团队规划产品路线图和待办事项。

　　如果由业务分析人员代替产品负责人，那往往会引发如下问题：

·故事得不到有效澄清。经常出现等待状态，如"等待解释""等待验收标准"等。

·功能得不到有效澄清，表现为 bug 数量居高不下。

·无法完成故事的定义。

所有敏捷团队都应该有一位全职的产品负责人，由他决定该做什么，以及什么时候动手。

4.7　思考与练习
Now Try This

1.你的产品负责人理解自己的工作任务吗？

2. 你的团队是否需要一位敏捷项目经理（负责为团队完成任务提供便利和服务）？

3. 你的团队是否需要一位敏捷教练来让敏捷方法落地？

第二部分

设计和管理敏捷项目

Design and Manage an Agile and Lean Project

第 5 章

正确启动敏捷项目

Start Your Agile Project Right

你上班路上会漫无目的地开车吗？不会吧！

做项目也一样，你需要方向。项目团队需要知道目标和完成时间。只有清楚方向和完成时间，你才能正确地启动敏捷项目。

我简单谈谈项目与产品的关系。每款产品的开发都分为几个阶段或若干版本（如 1.0、1.5、2.0）。其中每一个阶段都可以看成一个项目。

由于敏捷团队可以持续交付价值，因此有人认为敏捷方法中不存在项目。其实敏捷方法里是有项目的。关键在于，敏捷团队不必等到正式发布就能看到项目成果。团队可以每天、每周、每月发布，在每次发布后都能看到项目的中间成果。

本章将讨论如何正确地启动项目，包括了解项目的环境和风险。首先，我们要制定项目章程。

5.1 制定项目章程
Charter Your Project

所有项目都需要章程。章程告诉团队成员为什么要开发这些功能（愿景），以及如何判断项目完成（发布标准）。

启动项目，请先制定项目章程。

项目章程约定了项目范围，解释为什么要做这个项目，什么时候完成。项目章程为团队启动项目提供必要的信息。

有些项目章程还包括风险、测试计划、沟通需求等内容。不过，这些都不是必需的。

我的项目章程通常只包括项目愿景、发布标准、第一批待办事项。仅此而已。我经常问自己：如何用最少的工作满足项目需求？

注意，我希望满足项目的需求，尤其是客户的需求。但是，我也希望尽量少做无用工。

我把"最少工作量"的想法运用到每一件要做的事上：待办事项、功能集，等等。换句话说，我不喜欢做太长远的计划。

我经常要求团队和我一起写章程，时间限制为一小时。这有助于大家了解项目，同时增进合作。

下面分别介绍章程中的项目愿景和发布标准。

5.1.1 项目愿景
Write the Project Vision

项目愿景是对项目目标的声明，通常不超过三句话。愿景可以指导团队决定项目的内容。

我曾经写过像这样的项目愿景：

•2.0 版添加电子邮件功能。

•4.1 版将这三种方案的性能至少提高 10%。

• 6.0 版更换整个产品的用户界面。

这类愿景虽然实际，却缺少说服力，也不够吸引人。写愿景应该考虑以下问题：

• 谁是项目的主要受益者？

• 项目成果如何让主要受益者受益？

• 主要受益者最关心什么？

从用户的角度构思愿景，才能激发团队的工作热情。

项目愿景应该描述更高的目标

作者：Richard，资深项目经理

我以前只在开发功能时才想到我的用户。我从不曾在构思项目愿景时想到他们。

我们曾经接到政府的一个项目，要在年底前把退休超过一定年限的客户账户转到新账户里，否则，这些人就会有资金损失。

我一开始写的项目愿景是在 10 月 15 日之前将这些退休账户转移到新账户。大家看了都打呵欠。

在同事的建议下，我把项目愿景改成在 9 月 30 日前帮助退休人员转移资金。但我感觉大家还是不太感兴趣。

最后，一位年轻的团队成员说："嘿，我们真正要做的是保护这些老人的退休金。"

听到这话，大家马上有了精神。这才是能激发团队工作热情的项目愿景：保护老人的退休金。我们不是在为政府和银行工作，我们是在为这些用户工作。

构思项目愿景不能只考虑团队的任务，还应该思考它对用户的意义。就算用户是开发团队自己，也应该这样考虑问题。

假设你的团队接手了别人留下的一个产品。这个产品此前没有采用自动化测试，现在你希望启动一个项目来实现自动化测试。

这里有两条项目愿景："采用自动化测试，我们就能在构建完毕后马上开始单元测试和系统测试"和"将每次构建的时间压缩到五分钟以内，这样我们每个人每周至少可以省下 10 个小时的时间"。你觉得哪一条更好呢？

从用户的角度考虑问题，你才能写出令人信服的项目愿景。

5.1.2　制定发布标准

Develop the Release Criteria

发布标准是对"项目完成"的具体定义，它可以用来判断团队是否完成了目标。敏捷团队可以在项目期间随时交付价值，因此发布标准不是告诉你何时可以交付价值，而是告诉你何时才算完成项目。

有人说："如果没有待办事项了，项目就完成了。"这也许是对的。但是，如果你能更频繁地交付产品并获取客户的反馈，就能创造更大的价值。

发布标准通常包含几方面的内容，用来判断目标是否达成。表 5-1 是发布标准的示例。

表 5-1　发布标准示例

场景	标准
性能	对于给定的场景，查询返回结果的时间不能超过两秒
可靠性	系统在给定条件下正常运行的时间不少于 5000 小时
可伸缩性	系统能够同时建立多达 2 万个连接，也能降至 1000 个连接以下

有时，团队会提前达成目标，这时你就可以宣布项目结束，然后启动新项目。有了明确的发布标准，你才可能提前完成项目。

> **发布标准的重要性**
>
> 有些项目经理不想定义发布标准，他们希望无条件地完成所有待办事项。
>
> 我认识的一位项目经理就是这样。那是因为他的团队从来无法按时完成项目。他们运用敏捷方法以后，每周至少可以交付两次，他才改变了想法。只要团队能够定期交付，他就愿意考虑制定发布标准。
>
> 如果缺少发布标准，团队就不可能提前完成项目。标准给了大家一个清晰的目标。

5.1.3　和团队一起制定项目章程
Charter the Project as a Team

你以前可能独自制定过项目章程、项目计划、系统架构。不要再这样做了，你应该和团队一起完成这些工作。

你可能还听说过有人用"第零次迭代"定义和解释项目。也不要这样做，否则，你会陷入"第零次迭代"的陷阱（见 5.5.1 节）。

你应该与团队一起制定项目章程。我建议召开研讨会来制定项目章程，将时间限制在一个小时以内。是的，我称之为研讨会，而不是会议。它们的区别在于，研讨会创造成果和价值，而会议只是做出决定，等以后才执行。

如果你需要在启动项目之前探索架构，那么也可以要求团队就系统功能开展讨论。这有助于团队学习合作，加深大家对系统的理解。

5.2　确定产品类型
Identify Your Product Type

这里我有意地使用了产品这个词。如果你希望运用敏捷方法，不妨从产品的角度思考问题，它可以帮助你更好地理解敏捷思维。

产品有客户，它是开发团队的工作成果。你可以决定是现在发布产品，还是等待公司或客户有需要时再发布。

提防方案的叫法

我知道有些团队把"项目"叫做"方案"。问题是"方案"不一定要完成，但是"项目"必须有完成的一天。有些人擅长提"方案"，但是不擅长完成"项目"。请记住，项目必须完成，它不应该像"方案"一样悬而不决。

在敏捷方法的语境下，产品是一个很有用的词。从产品的角度考虑问题，有助于提醒自己谁会使用产品，以及如何让他们获得价值。另外，提前思考何时以及如何发布产品，可以让你对开发任务做到心中有数。

有些产品可以频繁发布，比如 SaaS；有些产品则不能频繁发布，比如硬件设备。图 5-1 展示了常见的产品发布频率。

图 5-1　常见的产品发布频率

如果产品是完全数字化或软件化的服务，因为发布成本低，那么可以做到频繁发布。你唯一需要考虑的是何时发布能更好地满足业务需求。

如果产品是硬件设备，发布成本很高，那么就不可能每天发布好几次。但是你仍然有可能进行较频繁的内部发布，并用发布标准来判断何时对外发布对公司来说成本最低。

从发布产品的角度考虑问题，会让你对整个项目的风险有更深入的理解。

客户不需要频繁发布产品

作者：Janie，研发副总

我们的客户所在的行业属于受监管行业。他们需要对产品做严格的检查。客户要求每年只发布一次产品。当然，他们希望尽快修复问题。虽然产品发布得很慢，但是我们每天都要解决小问题，否则客户的 CEO 和我们的 CEO 就会不停打我的电话。

后来我们运用了敏捷方法。我们花了大约八个月的时间，实现了足够快的自动化测试和构建。现在我们可以在一天内完成补丁的发布。团队成员一起攻关可以同时处理三个缺陷。

实现自动化测试和自动化构建后，我们将产品发布周期从 18 个月缩短到了一年，而且我们可以随时发布补丁。

5.3 评估项目风险
Assess Your Project's Risks

所以项目（包括敏捷项目）都有风险。你不能像管理清单一样管理项目，因为团队会面临技术、成本、人员、进度方面的风险。

我习惯借助如图 5-2 所示的项目风险金字塔来评估风险。它将项目风险分为内部风险与外部风险两部分。

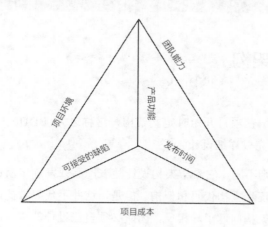

图 5-2 项目风险金字塔

外部风险包括项目成本、项目环境、团队能力，它们通常由管理层决定，构成了项目的外部约束。内部风险包括产品功能、发布时间、可接受的缺陷。

敏捷方法的优势在于，它可以让我们在更短的时间内完成更多的产品功能，从而降低这两种内部风险。

评估潜在风险的一种方法是对团队刚刚完成的工作进行回顾。集体的经验有助于发现和预防的风险。你还可以用可视化的方式来管理风险，比如把风险按严重程度依次记录在白板上（参见 8.5 节）。

Joe 提问：如何做预算？

敏捷项目的预算主要包括项目时间和主要成本。

敏捷项目做预算相对容易，因为团队成员只为这个项目工作。估算工期的方法请参考 10.7 节。同时别忘了提醒管理层，待办事项随时可能发生变化，而且项目有可能提前完成。

如果你必须控制预算，请确保所以团队成员都是全职为项目工作的——没有人同时参加其他项目。因为那样会给你的项目增加额外的时间成本。预算越重要，你就越需要一个稳定的团队。

如果你需要定期监控和汇报项目预算，不妨把它放到你的项目报表里（参见第 14 章）。

5.4 开始思考架构
Start Architecture Thinking

有些人习惯于在项目开始时定义架构，这称之为 BDUF（Big Design Up Front）——提前完成详细设计。

而敏捷方法则不同，它希望架构设计随着产品开发逐步演进。团队采取增量开发的方式，逐步重构代码和架构。但是，这并不代表敏捷团队在项目开始时就不需要考虑架构问题了。相反，团队必须自己设计架构，而不能由外人代劳，理由如下：

• 敏捷团队必须是完整的、稳定的团队，因此它应该有自己的架构师，绝不能请团队以外的人设计架构。

•如果由团队之外的架构师设计架构,他将无法理解项目演变过程中出现的变化,也就无法修改和完善架构。

•迄今为止,我还没看到哪个项目不需要修改架构设计就能完成的。

拥有架构知识的团队可以更快完成工作。团队内部的架构师可以适时指导大家,通过结对或攻关的方式向同事展示如何考虑系统的性能、可靠性等质量属性(参见 9.5 节)。

我喜欢用不超过一天的时间让团队开展架构探索(摸索和比较各种设计方案)。我会要求团队先画一幅他们认为可行的架构草图,然后在开发过程中逐步更新和完善架构设计。

对于那些外来的"空降"架构师,我会要求他们说出三处架构可能出问题的地方。如果他们说不出来,那说明他们对项目的理解还达不到要求。我的团队不需要这样的人。

5.5 识别项目启动陷阱
Recognize Project-Startup Traps

作为团队的领导者,你可以避免以下这些陷阱:

•第零次迭代。

•在项目开始前制定详细的计划。

5.5.1 陷阱:第零次迭代
Trap: Iteration Zero

有些团队认为他们要用第零次迭代来完成整个项目规划和架构设计。这样的团队往往还会出现"第负一次迭代""第负二次迭代""第负三次迭代"……

原因在于,他们要先用一次迭代完成架构设计,然后又要用一次迭代完成项目规划,可是回过头来发现架构又出现了变化,因此不得不如此循环下去。更合适的做法是:

- 用半天时间创建一份架构探索清单，以便团队知道在哪里进行探索。

- 确定团队开展工作需要哪些硬件和资源，先在有限的条件下开始工作。

- 如果团队还不习惯运用敏捷方法，可以先将迭代周期设为一周。在这一周内定义几个小故事，让团队成员试着完成，同时学习团队合作。

- 如果没有现成的故事，可以先用一天时间召开研讨会。大家定义几个足够小的故事，第二天着手开发。同时产品负责人可以进一步定义更多的故事。

5.5.2 陷阱：在项目开始前制定详细的计划
Trap: Your Organization Wants Detailed Project Plans

采用传统瀑布开发方法的团队总是试图充分提高每个人的"利用率"。而要提高"利用率"，就需要详细的计划。

但是敏捷团队不需要这种事先制定好的详细计划。只要团队能够恰当地运用敏捷方法，他们就能持续地创造价值。

如果你需要向管理层汇报工作进展，你可以向他们展示产品路线图和滚动的交付成果。它们比详细的计划更有说服力。

如果管理层既要求你运用敏捷方法，又要求你提供详细的计划，那就说明他们还没有充分理解敏捷方法的意义和作用。你需要首先帮助他们转变观念（参见第 16 章）。

5.6 思考与练习
Now Try This

1. 收集手头的项目信息，准备制定项目章程；同团队一起讨论项目愿景和发布标准。

2. 考虑你是否需要做进一步的计划，如果需要，请与团队一起做这件事。

3. 回顾以往项目的风险。让团队一起思考如何预防这类风险。

第 6 章

交付功能
Teams Deliver Features

你可能遇到过这样的情况：产品经理交给开发团队一大堆产品需求文档，可团队开发了好几个月后，产品经理却并不买账。产品经理可能有以下几种反应：

- 这不是我想要的东西。

- 市场发生了变化。我之前说的话作废了。

- 你理解错了，我不是这个意思。

或者项目进行到一半，团队正在同时开发所有功能，产品经理来问你："明天必须发布，你有什么可以发布的？"开发团队虽然有许多进展，但没有哪个功能是完成的，所以什么都发布不了。

也许你还有过其他不愉快的经历。解决这类问题的办法是设法实现更频繁的交付和发布。

敏捷方法可以解决这类问题，因为它强调定期交付功能。敏捷团队采用功能驱动开发（FDD）方式或其他方式（参见《Java Modeling in Color with UML》[CdL99]），它们的共同点是按计划定期交付功能。

定期交付产品功能可以让所有人从一开始就看到产品的轮廓。本章将讨论：

功能是什么、如何规划产品功能、如何制订计划和修改计划，等等。首先，我们来谈谈如何制订计划。

6.1　分层次制订计划
Plan at Several Levels

你对客户的需求有多大把握？大多数团队只能确定客户最近一两个月的需求，谁都不知道下一个季度会有什么变化，更不用说未来几年了。遇到这种需求可能变化的情况，最好的办法是运用敏捷方法。

如果你可以确定未来几年内客户的需求都不会变化，那么你就不一定需要采用敏捷方法来获取客户的反馈。但是敏捷方法仍然可以帮助你加快开发进度和提高团队定期发布的能力。

刚开始开发新产品时，我们往往只能确定一两周的需求，因此需要运用敏捷方法实现快速交付，再根据客户的反馈决定接下来做什么。

敏捷方法鼓励从不同的层次上制订计划（或修改计划）。公司负责规划各种项目，制订公司战略。产品经理和产品负责人则负责规划产品路线图：在什么时候提供什么产品。我见过不少六个季度的产品路线图（见图 6-1）。这种路线图虽然缺少细节，但至少显示了每个季度的发布计划。要知道有些刚开始采用敏捷方法的团队甚至连一个季度发布一次也有困难。

虽然管理层更喜欢图 6-1 这样的路线图，但是敏捷团队应该采用更详细的路线图（见图 6-2）。

图 6-2 以月为单位显示了更详细的发布计划。注意，路线图代表的是愿望，而不是承诺。

如果你只能制订一两个月的路线图，也不必担心。我的工作习惯是先大致画出六个月的整体路线图，再详细制订第一个月的路线图，然后每两周滚动更新一次计划（参见 6.9 节）。

一季度	二季度	三季度	四季度	五季度	六季度
对外发布，版本 Tulip	对外发布，版本 Daisy	对外发布，版本 Rose	对外发布，版本 Carnation	...	
功能集	功能集	功能集	功能集		
功能集	功能集	功能集	功能集	...	
功能集	功能集	功能集	功能集		

图 6-1　六个季度的产品路线图

第1个月	第2个月	第3个月	第4个月	第5个月	第6个月
对外发布，版本Tulip			对外发布，版本Daisy		
内部第1次发布	内部第2次发布	内部第3次发布	内部第4次发布	内部第5次发布	内部第6次发布
功能集	功能集	功能集	功能集	功能集	功能集
功能集	功能集	功能集	功能集	功能集	功能集
功能集	功能集	功能集	功能集	功能集	功能集

图 6-2　六个月的产品路线图

6.2 提高发布频率的意义

Release for Learning, Feedback, and Value

路线图反映了团队的发布频率。如果你的团队一个季度只能发布一次，那说明你们还不够敏捷。思考何时需要客户的哪些反馈信息，可以帮助你简化故事，提高发布频率。

发布次数越多，团队对产品及其发布要求的理解就越透彻。而发布频率偏低的团队则很难发现诸如测试不足、构建时间过长的问题。

发布频率越高，团队从公司其他部门以及客户那里获得的反馈信息就越多，开发工作就会越顺利。

学习发布需要时间

作者：Stuart，软件总工程师

我以前是项目经理。有一次项目完成后，我协助项目组做了回顾。那个项目拖了六个月才完成，而当时公司迫切需要发布新版本才能获得收入。

公司副总裁说："我想知道为什么拖了这么久才发布。"一位工程师说："我们 6 个月前就完成了，但是学习怎么发布又用了 6 个月。"

这件事让我们明白了频繁发布的意义。

提高发布频率除了为客户提供价值，还能帮助团队获取宝贵的反馈信息，从而进一步完善产品功能，提高产品性能。

发布次数越多，团队获得的反馈就越多。起初，你们可能每个季度发布一次都有困难，然而，只要坚持下去，后面的开发过程就会越来越顺利。发布次数越多，大家的学习速度就越快。

为了获得有效的反馈信息，团队必须发布有价值的东西，而不是零碎的工作。接下来探讨什么是有价值的东西。

6.3 发布有价值的东西

Deliver Value Through the Architecture

你可能已经习惯了广撒网的工作方式，就像 GUI 开发人员同时做几个功能界面，平台开发者同时开发几个库那样。"前端"和"后端"团队通常采用的是这种工作方式。但是敏捷团队不能这样干，敏捷团队应该以垂直切片的方式工作，每次集中力量切一块"蛋糕"出来。[9]

敏捷团队每次发布应该完成一部分功能，这部分功能涵盖了前端、后端、中间件、应用程序层，就像一块块切下来的"蛋糕"（见图 6-3）。每一块"蛋糕"代表着一个小而完整的故事，这样的发布对客户来说才是有价值的。

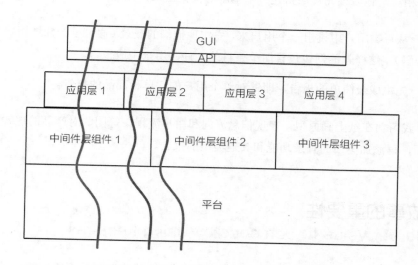

图 6-3 每次发布一块"蛋糕"

只有发布这样的切片"蛋糕"，团队才能从客户那里获得有效的反馈，才不会做出一个客户不需要的巨无霸来。

记住，"蛋糕"切得越薄，发布的频率就越高。为此，你应该鼓励团队成员从前端专才、后端专才变成通才，以免陷入团队成员能力单一化的陷阱（参见2.8.2 节）。

---

[9] http://xp123.com/articles/invest-in-good-stories-and-smart-tasks

6.4　先搭建基本框架
Create a Walking Skeleton

人们讨论产品开发时，想到的往往是整个产品能做些什么。这意味着要同时考虑所有需求，让人望而生畏。

我建议先考虑如何搭建产品的基本框架，往后再设法添加其他功能。

假设有一个产品要提供各种统计报告：各地的销售情况、用户群购买过的产品种类，等等。先不要急着设计所有的数据库模式，也不要想着一次解决登录和安全问题。

相反，你应该先设法搭建一个基本的框架出来，比如：

• 从每类用户中挑出一个用户来，先实现他们的登录（假设已经知道用户名和密码）。这样就能创建包含简单条目的文件，用来生成报告。

• 先生成最简单的报告，即针对单个用户的、单种商品的报告。

我习惯在纸上画原型，表现信息流向和用户流程。等团队对产品的理解加深后，再添加更多的登录功能和其他类型的报告。

6.5　故事的重要性
Deliver Value to Someone by Using Features

敏捷方法常常用到故事、主题、史诗这些术语。我来解释一下它们的含义。

• 故事：针对特定用户的最小功能，有可能不足以单独发布。

• 主题：一组相关的故事，也称为功能集。每次发布通常是以主题为单位的。

• 史诗：许多相互关联的故事。史诗通常比主题更大。

我建议制订计划时用故事和功能集作为单位，这样更容易实现交付。

这里有一个例子。假设产品有一个管理界面。各类用户（客户、内部销售人员、外部销售人员、公司管理人员）都通过它来访问报表。每类用户可以访问的数据不同，因此要考虑安全问题。这里有几个登录故事，都属于同一个功能集：

- 已注册用户登录

- 新用户注册

- 修改密码

- 阻止当前用户

- 更改用户权限

通常这类产品还包含多个报告故事：各区域的销售统计报告、各类产品的销售统计报告、销售人员对接的客户销量统计报告，等等。如果每种报告又都包含若干个故事，那么我就用功能集来描述每种报告。

我一般只讨论故事和功能集。我发现当人们开始谈论史诗和主题时，往往会忽略故事。工作量越大，获取反馈的时间就越长。这就是我只使用故事和功能集的原因。功能集是可交付的成果，而故事只是其中的一个功能。

故事是敏捷方法中最小的需求单元，它是为特定用户提供价值的功能。如果你的东西——不管你怎么称呼它——不能给用户带来价值，那它就不是故事。

> **Joe 提问：**
> **可以用任务或技术故事来代替故事吗？**
>
> 有些文章建议开发团队将工作分解为各种任务，如设置数据库、编写测试等。这是不对的。千万不要这么做。用任务替代故事，说明团队还不理解用户需要什么，或者定义的故事太复杂了。
>
> 有些团队以为用任务代替故事可以节省时间，实际上恰恰相反。因为这些任务往往是无效的，很可能永远都派不上用场。而真正有价值的功能远比这些任务小得多。
>
> 就算你担心功能测试的质量，也不要轻易使用"测试"任务。你可以通过限制在制品数量，或者要求团队采用结队或攻关的形式来解决这个问题。让开发人员与测试人员一起工作，往往能更合理地定义故事，同时提高测试质量。

6.6　定义故事
Define Stories So You Can See the Value

故事的定义形式通常是这样的：

作为（特定类型的用户），我希望（某种操作）可以为我（提供业绩、价值、结果）。

并非所有的故事都来自人与产品的互动。有时，产品会监视自身运行状况并主动采取行动。在这种情况下，可以用 FDD 的形式定义故事[10]。

操作-结果-对象

表 6-1 对这两种故事做了简单的对比。

理解是谁的故事，你才能明白为什么要实现它。

表 6-1　可以用 FDD 定义的故事

故事	替代的 FDD
作为系统，我要监视竞争情况，以便在需要时重新启动主处理器	发现 2 号处理器和 3 处理器出现竞争时重启主处理器
作为买方，我想在购买汽车后的三天内退货（注：有些州允许买家退货）	取消一项销售
作为机器学习系统，生成一个未来的可能性列表，以便我以后检查	生成可能性列表，做好记录，供以后检查

我举一个故事的例子：

作为（已注册用户），我想（下载我的银行对账单），以便（查看我的预算是否够用）。这个故事隐含了其他几个故事：

•"已注册用户"暗示存在某种安全登录功能。这个故事不包含创建新用户的功能。创建新用户是另一个故事。

---

[10] https://dzone.com/articles/introduction-feature-driven

"下载"暗示需要建立安全连接，同时要满足一定的性能要求。这个故事不包含验收标准，所以要在验收标准中查找性能要求。

• 对账单应该符合某种格式，这个故事不涉及这方面的内容。需要查看验收标准。

定义简洁的故事可以避免开发团队对产品的理解出现偏差。上面这个故事可能与其他故事一起组成"下载"功能集：

• 允许关联账户下载对账单（因此需要建立银行账户之间的关系）。

• 允许下载多种格式对账单，如电子表格、用制表符或逗号分隔的文本、PDF 等。

• 允许下载到几种不同的货币管理工具里。

这些都属于"下载"功能集。注意，这里每个故事都提供了价值。你可能需要尝试多次才能更好地理解产品，这称为做试验。

管理缺陷

除了管理产品功能，你可能还需要管理缺陷，甚至技术债务和未完成的工作。

可以考虑用以下方式管理缺陷：

• 定义故事用于解释缺陷的验收标准。

• 将相关的缺陷放在一起，定义一个故事来解释它们。

• 将修补缺陷添加到某次迭代的待办事项里，作为团队交付内容的一部分。

6.7 试验与探索
Experiment and Spike to Explore

我们很难预测某个功能的开发效果。虽然我们有设想，但是在功能实现之前，谁也不知道效果如何。因此，敏捷方法不提倡事先做过多设计。相反，应该开展小规模试验，或者制作尽可能小的原型。小步试错可以避免由以下情形引发的浪费：

- 团队花了几周时间设计架构，然后发现需求变了。

- 团队擅自开发了产品负责人未要求的功能集。

- 故事过于复杂，团队花了相当长时间估计工作量。

- 故事太复杂，团队无法按时完成开发任务，项目合同过期了。

团队可以通过各种小规模的尝试（制作简单原型、开展 spike 任务等）避免这类浪费。

什么是 spike ?

spike 是在规定时间内完成的原型，制作它的目的是收集信息，常用于估计某功能或功能集的开发难度和工作量。

此外，小故事的尝试成本更低。定义的故事越小，团队的工作量就越小，发布就越快，就越容易获取客户的反馈。

6.8 定义小故事
Write Small Stories

尽量定义可以在一天内完成的故事。简短的故事有助于反馈和学习。故事越短，团队的产出速度越高。

我有一个写小故事的窍门：把故事写在小卡片上。在卡片的正面写故事，在卡片的背面写验收标准。如果一张卡片写不下故事和验收标准，那这个故事就太复杂了。

定义小故事很难吗？当然了，但这样做是值得的。定义故事务必从用户的角度考虑问题，理解用户的工作流程。

6.9 规划滚动路线图
Create Rolling-Wave Roadmaps

敏捷方法欢迎变化。团队迭代完成的小块功能越多，就越容易改变下一步的工作任务。我喜欢用滚动路线图来展示这种可能性。

使用滚动路线图至少有两条理由：

• 避免规划过多的、不必要的功能集。

• 便于展示计划的变化情况。

图 6-4 是一个季度的滚动路线图示例。

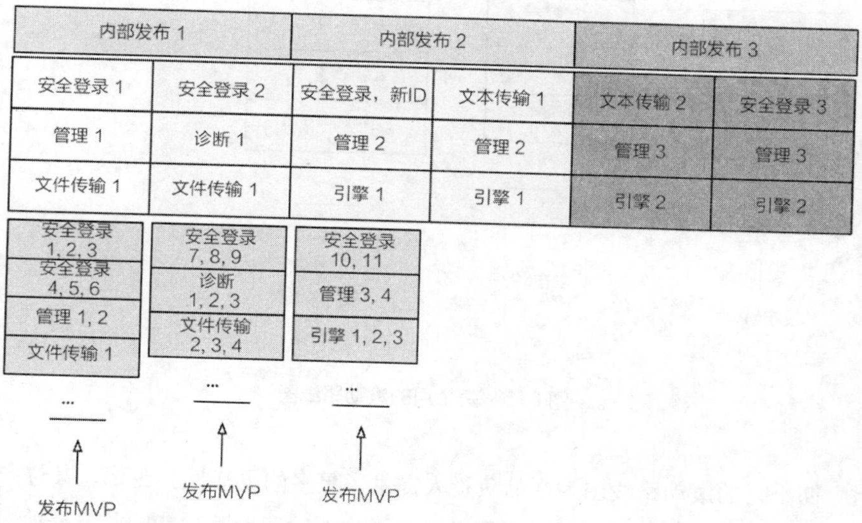

图 6-4　一个季度的滚动路线图

这张滚动路线图显示公司每个月有一次内部发布。同时，开发团队以两周为迭代周期，每次迭代末尾发布一次 MVP（最小可行产品）。

背景色的深度代表进度的不确定性。最左侧的白底区域（第一个迭代周期）是团队已完成的故事或待完成的故事。接下来的灰色区域（三个迭代周期）是计划完成的故事。最后的两个深色区域（两个迭代周期）是预计可能要完成的故事。最下面的方框则是每个功能集包含的实际故事。

如果你觉得三个月的滚动路线图还是太长了，可以采用两个月的滚动路线图，如图 6-5 所示。

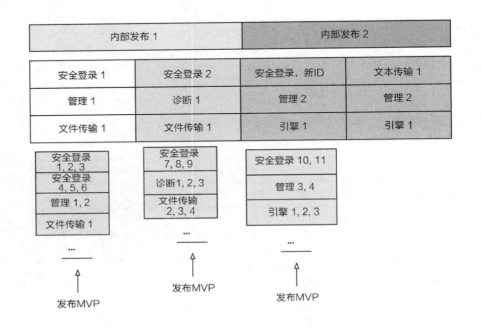

图 6-5　两个月的滚动路线图

两个月的滚动路线图为产品负责人提供了更多的灵活性。比如，某位产品负责人在完成第一次迭代后发现有必要将文本传输和诊断功能的开发提前，于是对路线图做出调整（见图 6-6）。

原路线图

内部发布 1		内部发布 2	
安全登录 1	安全登录 2	安全登录，新 ID	文本传输 1
管理 1	诊断 1	管理 2	管理 2
文件传输 1	文件传输 1	引擎 1	引擎 1

完成一次迭代后修改的路线图

内部发布 1		内部发布 2	
安全登录 1	安全登录 2	文本传输 1	安全登录，新 ID
管理 1	诊断 1	诊断 2	管理 2
文件传输 1	文件传输 1	引擎 1	引擎 1

图 6-6　路线图的调整

滚动路线图比长期路线图好

作者：Michelle，产品总监

　　我们是典型的大公司。我们的产品路线图至少长达六个季度，而且大家都认为路线图不能变更。老实说，这样的路线图多少会妨碍我们运用敏捷方法。

　　我们的敏捷项目采用的是两个月的滚动路线图。同时我们用"功能临时区"讨论功能和功能集的价值。运用较短的滚动路线图和"临时区"大大提高了开发的灵活性。

6.10　使用"功能临时区"讨论可能性
Use a Feature Parking Lot to See Possibilities

　　有些项目的路线图内容很多、很长。与其将所有想法都塞到长达几个季度的路线图里，不妨考虑使用"功能临时区"来存放那些还不确定的想法（见表6-2）。

表 6-2 "功能临时区"示例

想法	添加的日期	价值	原因
大规模引擎自动化	1 月 12 日	要是实现了多牛呀	还没有人做到
基于云的搜索	2 月 2 日	?	CTO 丹尼希望实现的功能
集成日历	6 月 15 日	需要在某些地方集成日历和电子邮件	客户一直在要求

"功能临时区"可以用来记录"我们以后想做的事"(区别于"我们现在所做的事")。它可以帮助公司上下理解路线图中存在的不确定因素和可能性。

6.11 最小可行产品和试验
Consider Minimum Viable Products and Experiments

上一节的路线图提到了 MVP。MVP 是最小可行产品的缩写。它通常是指一个较小的功能集,可以在一次迭代中完成。

MVP 通常不是完整的产品,但它能提供足够的功能让客户试用,从而帮助团队获取宝贵的反馈信息。

Eric Ries 曾在《Lean Startup》[Rie11]中提出一种借助反馈学习的方法,如图 6-7 所示。它的核心概念是通过反复试错来学习。这种理念与 MVP 的用法是一致的。

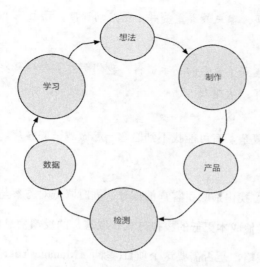

图 6-7 借助反馈学习的方法

如果你觉得 MVP 还不够小巧，那么还可以采用 MVE。MVE 是最小可行试验的缩写。比如，产品负责人考虑开发一个很小的功能集，但是缺少判断依据。在这种情况下，可以制作 MVE 用于收集数据，然后再决定怎么做。

MVE 为我们节省了成本

作者：Cindy，产品负责人

我们有一个嵌入式系统。开发、测试、发布时间都比一般的软件更长。公司有一个针对新的垂直市场的想法，但我不知道会不会有客户感兴趣。

我们拜访了一个客户，了解了对方是否需要我们设想的产品。对方表示很感兴趣。

同时，客户对系统的启动速度提出很高的要求。我们问他们是否愿意和我们一起测试 MVE。MVE 不是完整的产品，但是比开发 MVP 成本低。

客户同意了，我们签署了保密协议。

我挑了四个功能，团队花了三天时间开发和测试。然后我们带着 MVE 去拜访客户。

结果我们发现，客户最看重的并不是启动速度，而且四个功能里有三个是客户不需要的。

这次拜访收集到了宝贵的一手资料。我们明白了客户需要什么，不需要什么，为公司省下了一大笔钱。

如果产品很复杂，有可能找不到愿意一起做测试的客户。请考虑以下可能性：

•找出 MVE。找出最吸引客户的部分，同时降低对方参与的成本。

•考虑借助其他成本更低的模拟方式获取客户的反馈信息。

•重新审视战略，是否需要这个项目(参阅《Manage Your Project Portfolio》[Rot16a])。

借助 MVP 和 MVE，小步试错，尽快获取客户反馈，确保团队创造更大的价值。

6.12 识别价值陷阱
Recognize Value Traps

团队定义和创造价值时，容易陷入以下这些陷阱：

•产品负责人说了算。

•管理层要求提供详细的时间表。

•追求完美。

6.12.1 陷阱：产品负责人说了算
Trap: The Product Owner Has Feature-itis

有些产品负责人喜欢自己说了算："给我这个功能。我不管架构怎么样，不管技术债务，也不管今后的事，我现在就要这个功能！"

如果你遇到这样的产品负责人，我有如下建议：

1. 用专业的态度向他解释，团队完成所有工作（包括架构设计、重构、测试）需要的时间。

2. 向对方解释不顾一切开发的代价。告诉他什么是技术债务，什么是未完成的工作。未完成的工作积压越多，今后完成的成本就越高。指出对方会让团队犯 Conway 定律指出的错误。

3.用图表跟踪记录开发进度，看看进度是否会变慢。

喜欢自己说了算的产品负责人往往是新人。他们第一次看到自己的要求被技术团队实现，这种感觉很容易让人上瘾。

但是产品负责人要有责任感，不仅要对产品功能负责，更要对产品的价值负责。目光短浅的产品负责人会害了开发团队。

6.12.2　陷阱：管理层要求提供详细的时间表

Trap: Your Organization Wants Detailed Schedules，Such as Gantt Charts

敏捷方法可以改变团队文化，但是不一定能改变管理层的想法。如果管理层习惯看详细的时间表，他们可能会要求你继续这样做。

我不喜欢提供详细的时间表,我的办法是分层次制订路线图（参见6.1节），在工作中采用滚动路线图（参见 6.9 节）。此外，你还可以参考第 14 章的建议汇报工作进展。

如果管理层要求提供详细的时间表，你该怎么办？做你认为正确的事，不要妥协。你应该帮助他们了解敏捷方法的价值。

6.12.3　陷阱：追求完美

Trap: It's Not Done Until Everything Is Done

有些人喜欢把事情做到完美才发布产品。他们常常会这样说：

• 既然已经做到这一步了，我干脆把其余的也做了吧。

• 以后再做费时间，干脆现在就做了吧。

• 这个样子可不能发布，我们应该全部做完。

原因有以下几种：

• 他们担心不做到完美会显得自己能力不足。

• 他们担心不做到完美会影响产品价值。

• 他们还不理解 MVP 和 MVE 的作用。

作为团队的领导者，你应该向大家解释发布不完美产品的意义和作用。你还可以亲自示范，让大家明白这样做并无不利影响。

有些管理者希望员工把一切都做完美，他们还不懂得敏捷方法的意义。你应该设法让他们理解这样做会影响团队的工作效率（参见 16.4 节）。

有些产品负责人还不懂如何划分产品（定义故事），因而无法以"切蛋糕"的方式分阶段发布产品。你有必要教他们理解 MVP 和 MVE 的作用。

让大家明白，添加额外的工作会增加在制品数量，延长迭代周期，增加项目的不确定性。

6.13　思考与练习
Now Try This

1. 你的项目是否有一位全职的产品负责人，他与团队一起定义故事，并根据反馈信息加以完善？如果没有，请先解决这个问题。

2. 要求产品负责人和团队一起对产品功能进行划分，规划功能集，以便产品负责人可以对它们进行排序。

3. 协助产品负责人定义尽可能小且有价值的故事。

第 7 章

工作排序

Rank the Work

上周末你完成了哪些家务？你是怎么决定先做什么，后做什么的？也许你喜欢先做那些不太花时间的家务，这样就可以马上从清单上把它们划掉。

有些事如果没有按时做完就失去了意义。比如，你本打算在玛莎阿姨来做客前挂好照片。那么她走之后，还有必要挂吗？也许选择做其他事更明智吧。

如果你家要重新粉刷墙面（这可是个大工程），那么不妨先做一点探索试验。我会让工人先刷一面墙，看看效果，然后决定要不要继续刷，需不需要换涂料。

有些家务的完成时间不好估计。你可以先规定一个时间，看看自己能在这段时间里完成多少任务。我讨厌打扫办公室。我会给自己规定 30 分钟，看我能打扫多少。如果我觉得自己能在短时间内全部打扫完，我就接着干。否则，我宁愿转而做其他更有趣的事。

有些任务可能存在风险，你可以先做一点尝试。例如，如果我想写一本书，我会先写几篇博客文章，然后再决定要不要答应写书。这样我就不会浪费太多时间，至少我还完成了几篇文章。

你可以通过以上这些方式对工作进行排序。我的另一本书《Manage Your Project Portfolio》[Rot16a]里也介绍了排序的方法。它们不仅可以用于项目排序，也可用于功能排序。

7.1　先做简单的工作
Rank the Shortest Work First

Don Reinertsen 在他的书[Rei09]中建议先做最不花时间的工作。如果你手上的任务有繁有简，务必采纳这条建议。因为先完成简单任务可以让你更快获得反馈信息。

先做简单的工作可以提高成功的概率。比如，你可以先做系统原型，请客户提意见。如果对方不喜欢原型，你也不会浪费太多时间。

简单的工作可以在短时间内完成。我所说的短时间是指一两天，最好不超过一天。如果任务需要更长时间，或者有大量短时间内能完成的任务，那么请考虑接下来的排序方式。

7.2　借助延迟成本排序
Use Cost of Delay to See Value

还有一种排序方法是判断工作是否还有价值。借助延迟成本可以确定工作现在和将来的价值。

延迟成本是未按时发布工作所产生的成本及其对未来收入的影响。

延迟会带来 4 种潜在成本：

• 因延迟错失了潜在销售机会。

• 因延迟影响了总销售额。

• 延迟导致总需求降低，因此产品未来的总价值也会降低。

• 延迟导致产品的生命周期提前结束。

这里有一个简单的例子。假设你在一家游戏公司工作。人们喜欢在圣诞节前买游戏作为礼物。如果公司在 11 月前发布圣诞游戏，就可以获得最高的销售收入；如果在 11 月发布游戏，公司可能失去了一些潜在客户，因为这些人在这之前买了其他礼物；如果到 12 月才发布游戏，销售收入会进一步降低；

如果等到 1 月才发布，那就几乎没有人买了。

那如何找到最佳的发布时间呢？通常，产品功能的价值会随着时间的推移而降低。

你可以考虑产品功能什么时候具有最大价值，什么时候不再具有价值。图 7-1 展示了某产品功能的价值随时间变化的情况。该功能在 9 月前具有最大价值。进入 10 月，它的价值将大打折扣。到了 12 月，它几乎就没有什么价值了。

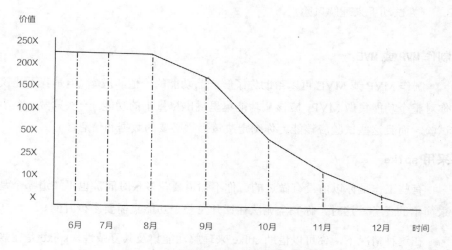

图 7-1　某产品功能的价值随时间变化情况

在考虑产品功能的价值时，应该尽量对功能进行拆分。产品现在需要发送/接收电子邮件的功能？好吧，那么转发和抄送邮件的功能是不是可以缓一缓？这种拆分有助于开发团队与管理层更理性地开展讨论。

借助延迟成本排序有以下优点：

- 避免开发团队浪费时间开发没有价值的功能和功能集。
- 保证团队总是从事最有价值的工作。
- 有助于产品负责人对故事进行拆分和排序。

除了借助延迟成本排序，你还可以借助学习探索进行排序。

7.3　先尝试再排序
Rank by Valuing the Learning

有时,我们无法估计工作任务的价值和成本。这时可以考虑以下三种方法:

- 制作 MVP 或 MVE，然后决定下一步做什么，怎么做。

- 借助 spike 进一步了解功能集。

- 尝试动手来理解风险。

制作 MVP 或 MVE

制作 MVP 或 MVE 可以帮助你了解产品功能的价值和成本。但是我不建议你对整个功能集做 MVP，应该从功能集里挑出尽量小的功能，一次只做一个小试验。而且这些试验应该能为你制定决策提供必要的数据和信息。

采用 spike

有些工作是你以前没有做过的。你不知道要花多长时间，也不知道哪个是最简单的任务。这时，你完全无法估计开发整个功能集需要多少时间。

在这种情况下，你可以借助 spike 来理解功能集及其复杂性。spike 是在规定时间内完成的原型。注意，制作 spike 的时间不要超过一天，以几个小时为佳。我建议整个团队一起用攻关的方式完成 spike，以便加深大家对工作任务的理解。

尝试动手来理解风险

如果你觉得有些地方存在风险，那么可以先动手试试，比如从功能集中挑选一个故事来实现，或者创建一个 MVE。这个故事或 MVE 应该作为优先级最高的任务来完成，因为它们将有助于揭示余下工作的复杂性和成本。

.4　识别排序陷阱
Recognize Ranking Traps

按价值对工作进行排序并不容易，请注意以下陷阱：

• 全凭估计排序。

• 管理层说了算。

• 制订长期计划。

.4.1　陷阱：全凭估计排序
Trap: Rank Only by Estimation

有些团队全凭估计对工作进行排序。问题在于，我们对工作的理解往往不足以做出正确的估计。

如果你知道哪个工作最简单，那当然可以先完成它。然而，开发团队通常无法预测工作的难易程度。在这种情况下，全凭估计来排序是行不通的。

.4.2　陷阱：管理层说了算
Trap: Someone Else Pressures the Product Owner

有些管理层会要求产品负责人"完成所有功能"或者"先做这个！"这种做法直接干扰了敏捷团队的工作，破坏了敏捷团队的自治性。这样做只会降低开发效率。

遇到这种情况，唯一的办法是理解对方这样做的目的。只有了解目的，才能找到两全其美的解决方法，既不影响团队的工作，又能让对方满意。

.4.3　陷阱3：制订长期计划
Trap: We Must Rank All of It

我曾经建议制订滚动开发计划，但是总有人希望制订长远的计划。这是一个陷阱，因为产品负责人必须根据团队的工作进展情况决定下一步的工作。

正确的做法如下：

• 最多制订三次迭代的工作计划。

• 考虑使用功能临时区，管理尚未处理的项目。

• 用产品愿景和发布标准代替长期计划。

7.5　思考与练习
Now Try This

1. 尝试用"先做简单的工作"之外的方式对工作进行排序。

2. 在每次迭代完成后，让团队回顾本次迭代完成的工作是否是最有价值的。

3. 向大家阐明本次迭代工作的价值。大家讨论得越多，就越容易对工作进行排序。

第 8 章

展示工作进度

Visualize Your Work with a Board

敏捷项目有多种方式展示项目计划/进度。比如，用全局路线图展示长期计划，用滚动路线图展示短期计划，用展示板记录当前的项目进度，等等。

展示板清楚地显示了团队工作的进展、瓶颈、延迟。只要看一眼展示板，团队成员就能了解项目当前的进展情况。

展示板最基本的作用是记录各项任务的状态：准备、进行、完成。下面介绍如何选择和使用展示板。

8.1 先从卡片开始

Start with a Paper Board

许多团队刚开始运用敏捷方法时，喜欢用项目管理软件展示/记录工作进度。项目管理软件使用和修改起来很方便，但是却不适合新团队学习运用敏捷方法。我建议先借助白板和卡片来展示工作进度。

使用卡片有如下优点：

- 团队成员可以相互传递卡片、修改卡片上的内容。这有助于大家对故事和功能集形成一致的理解。

- 如果团队成员完成了某项工作，他必须站起来，走到白板前，把卡片从某一栏移动到另外一栏。而使用项目管理软件时，大家很容易把状态修改成"完成"或者"进行"，但其实并非如此。

- 软件通常会隐藏详细信息，大家无法一次看清故事细节和验收标准。

- 卡片面积有限，迫使大家用精练的文字描述故事。

- 使用卡片更容易发现展示板需要哪些列，不需要哪些列。

- 使用卡片方便限制 WIP 数量。

如果有团队成员在异地工作，可以参考 8.6 节的内容。

新团队使用管理软件容易掉进陷阱，但这不是软件的错。问题在于，管理软件无法帮助团队树立良好的敏捷习惯，大家还是习惯用以往的方式工作。新团队使用管理软件容易出现以下问题：

- 故事太复杂，无法在一次迭代中完成。

- 团队还是习惯按照架构划分工作，而不是根据故事划分工作。

- 大家还是习惯各自为政，而不是合作开发功能。

我知道有一个团队用磁铁在白板上固定卡片。团队里每个人都只有一块磁铁。因为每个人只有一块磁铁，所以每人手上的 WIP 都有限。

另一个团队用图钉固定卡片。团队里每个人有三个图钉。尽管三个图钉有点多，但至少每个人都很清楚大家在做什么。

卡片可以促进合作，培养良好的敏捷习惯。学习敏捷方法，请从使用卡片开始。

8.2 固定迭代周期的展示板
Iteration-Based Boards Show Team Commitments

常见的基于固定迭代周期的展示板是 Scrum 板（见图 8-1）。

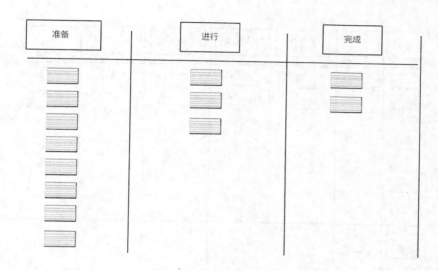

图 8-1 典型的 Scrum 板

在固定迭代周期的敏捷方法里，团队会估计每次迭代能完成哪些工作，然后将这些工作按优先级排序，放进"准备"栏里。

在这种方法里，"准备"栏里的项目是不能随意改变的。这很重要。"准备"栏是团队与产品负责人所做的承诺。这正是固定迭代周期与自选节奏的不同之处（参见 1.5.1 节）。

如果团队需要时不时暂停项目（比如，为产品提供技术支持），那么团队就必须为技术支持工作腾出时间（参见 10.8 节）。

总之，团队有权自己决定如何开展工作，自己决定工作流程。换句话说，团队有自由决定展示板上内容的权利。

团队可以选择将技术支持工作从待办事项中分离出来，甚至增加一栏，取名为"今天"。

使用固定迭代周期的团队甚至也可以采用基于工作流的敏捷方法，前提是要限制 WIP 数量。只要团队愿意，甚至可以使用看板。

我知道有一个 Scrum 团队采用了图 8-2 所示的展示板，它很像一个看板，而且额外增加了"今天"和"紧急"栏。团队称它为 ScrumFlow 板。

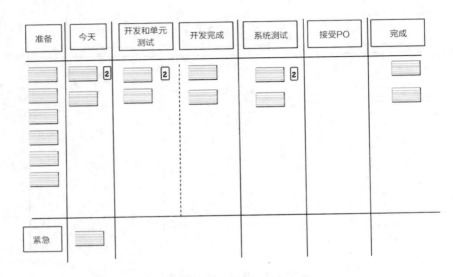

图 8-2　某 Scrum 团队采用的展示板

举这个例子是为了说明，团队有权决定展示板的内容。他们可以自己管理展示板，甚至可以给它命名。展示板的形式只要能帮助团队完成工作，就是合理的。

8.3　展示团队流程和瓶颈的看板
Kanban Boards Show Team Flow and Bottlenecks

每个团队使用的看板可能都不一样，这是因为每个团队的流程不一样。

我知道有一个团队采用这样的看板（见图 8-3）。所有栏（包括"准备"栏）都限制了 WIP 数量。限制 WIP 数量是为了更清楚地展示工作流和发现工作瓶颈。

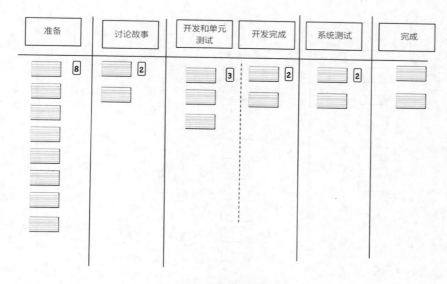

图 8-3　某团队使用的看板

　　在这个例子里，只要不超出 WIP 的上限，产品负责人可以更换"准备"栏中的项目。流程中包含一个"讨论故事"的步骤。这个步骤也限制了 WIP 数量，这是为了避免团队做无用功。

　　注意，"开发完成"栏也限制了 WIP 数量，你可以把它看成"系统测试"栏的缓冲区。

　　如果所有栏都达到了 WIP 上限，那么看板就饱和了。在这种情况下，团队就不能再接收新的故事。如果要加入新的故事，必须先将流程中一个故事从"系统测试"栏移动到"完成"栏。

　　看板出现饱和后，团队成员有责任找出最接近完成的故事，尽快将它从"系统测试"移动到"完成"栏（参见 13.2 节）。

　　另一个团队一开始使用的是 Scrum 板（见图 8-4）。

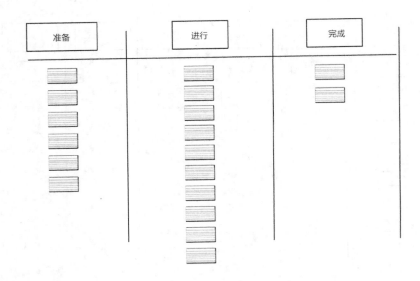

图 8-4　另一个团队使用的 Scrum 板

　　该 Scrum 板显示"进行"栏中积累了大量的工作。为了找出原因，团队决定改用看板（见图 8-5）。采用看板后，团队找到了整个流程的瓶颈：测试的自动化程度不够，测试人员做了大量的手动测试。

　　找到瓶颈后，开发人员和测试人员开始结队进行系统测试，以便创建足够的自动化测试。

　　找到并解决第一个瓶颈后，团队就可以接着寻找第二个瓶颈。清除所有瓶颈后，就能设置合适的 WIP 数量上限了。

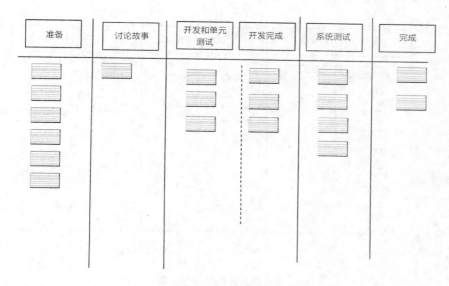

图 8-5　改用看板后的情况

　Joe 提问：

是否需要限制 WIP 数量？

答案是肯定的。

限制 WIP 数量，人们就更有可能完成工作。完成工作能让人获得成就感，这种成就感能让人完成更多的工作（参阅《The Progress Principle》[AK11]）。

WIP 数量上限是团队在一段时间内有能力完成的工作。我之所以建议使用卡片，就是因为卡片非常适合用来限制 WIP 数量。

如果团队需要停下手头的工作，转去做技术支持，那么可以在看板上增加一个"紧急"栏（见图 8-6）。当然，这意味着如果要做技术支持，就会增加团队的 WIP 数量。

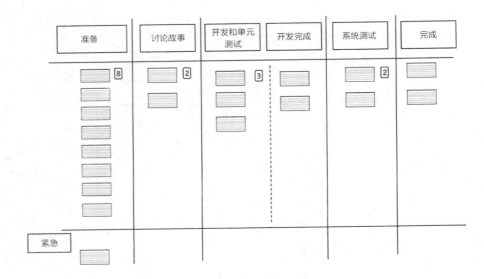

图 8-6　增加"紧急"栏的看板

　　每个团队对"紧急"的定义都不一样。是否增加"紧急"栏取决于团队有没有能力在不影响原有 WIP 完成的情况下处理额外的工作。

　　如果要增加"紧急"栏，务必和团队约定对"紧急"事件做出响应的时间（参见 2.5.2 节）。

8.4　选择自己的展示板
Make Your Own Board

　　开发团队有权选择适合自己的展示板。无论你们采用的是固定迭代周期的敏捷方法，还是基于工作流的敏捷方法，都应该找到适合自己的展示板。

　　如果你的团队同时参与几个项目，可以考虑使用限制 WIP 数量的看板。这样就能掌握团队能够处理多少 WIP。如果团队需要临时去做技术支持，可以考虑在看板上增加"紧急"栏。

　　如果团队成员分布在各地，那你就更需要了解大家的工作进度和状态。使用限制 WIP 数量的看板可以保证大家的工作不会太落后或太超前。

　　运用敏捷方法的一个关键是留意团队的工作是否顺畅。如果发现进度滞后，那么就需要调整展示板，让流程中的瓶颈变得明显可见。

8.5　展示问题
Visualize Problems with a Board

　　团队也许想在展示板上添加问题（阻碍、风险等）。我喜欢把问题和工作分开，这是因为一个服务型的领导者可以带头解决这些问题。有一个团队使用图8-7 所示的看板。

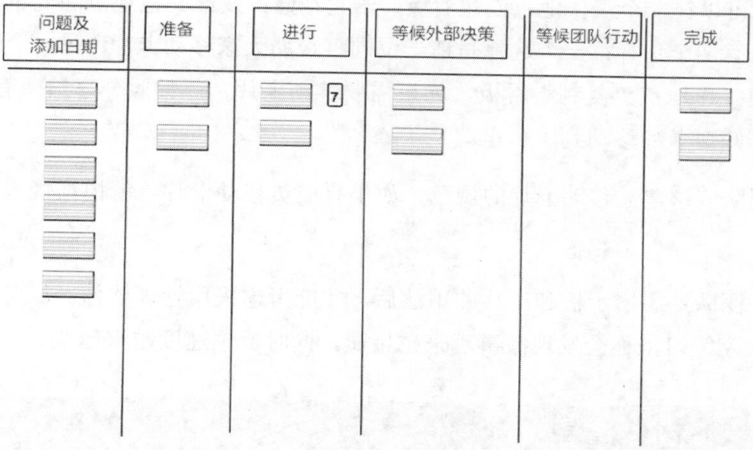

图 8-7　展示问题的看板

　　该团队除了记录问题，还附上问题的添加日期。但是展示问题并不意味着团队必须马上着手解决。如果有人开始关注"问题"栏里的项目，就会将该项目移动到"准备"栏。团队设置的 WIP 数量上限是 7，这样大家才有时间持续地审查和解决问题。根据具体情况，"问题"栏中的项目也可以移动到"等候外部决策"或"等候团队行动"栏。问题解决后，它就会移动到"完成"栏。

　　我没有具体指明由谁解决这些问题。服务型领导应该主动解决这些问题，当然团队成员也可以来解决问题。这完全取决于团队的实际情况。

有些团队可能还希望在看板上跟踪"功能临时区"里的项目，尤其是这些功能不太容易实现时。如果你有这种需求，可以参考 13.1.1 节的内容。

8.6 分布式团队的展示板
Create Visible Boards for Geographically Distributed Teams

即使团队的工作地点是分散的，也应该从使用卡片开始，而不是项目管理软件。

你可以在一个工作地点创建看板，给它拍照，发给其他地点的同事。接下来团队有两个选择：一个选择是请一位同事帮助大家移动卡片；另一个选择是在其他工作地点"复制"看板，如果需要移动卡片，就拍照分享给所有成员，让大家知道卡片移动到了哪里。

团队应该建立移动卡片的规范。如果有成员移动卡片，就根据规范通知所有人。

等团队熟悉展示板和卡片的用法后，才能考虑采用管理软件。尽可能多给时间大家练习，你会发现故事越来越精简，同时反馈速度越来越快。

避免责备个人

当某个团队成员没有及时完成工作时，大家往往会把注意力集中在他身上。我经常听到站会时有人问："你为什么还不完成这项工作？"（参见 13.3 节）。

这是不对的。我们应该关心如何完成展示板上的工作。限制 WIP 数量是为了帮助大家更快地完成工作，而不是追究个人责任。请参考 Steve Reid 等人写的报告。[11]

千万不要责备别人不做工作。工作属于团队所有人，而不是某一个人。

使用卡片能让团队掌握实际进度，而不是想当然的进度。有些人认为，一旦开发完成，测试人员就应该开始测试。问题是，测试人员与开发人员可能不

---

[11] https://www.infoq.com/articles/kanban-scaling-agile-ultimate

在一起工作；测试人员可能没有参与定义故事；测试人员与开发人员之间可能存在时差。这些情况都可能妨碍测试人员马上开始测试。使用卡片的时间越久，团队就越能理解真实的工作流程和进度。

8.7　识别展示板陷阱
Recognize Visualization Traps

并非所有团队第一次都能正确使用展示板，尤其要留意以下陷阱：

- 管理层说了算。

- 团队成员单打独斗。

- 躲在看板后面的瀑布式开发。

- 瀑布式迭代。

8.7.1　陷阱：管理层说了算
Trap: Management Mandates Your Boards

有些公司的管理层要求"用敏捷方法"或者"使用看板"，这属于行政命令。

不要和管理层争辩，就按他们的要求来做。如果他们要求使用敏捷方法，请采用两周的迭代周期。

你仍然可以决定在展示板上展示哪些内容。如果开发流程不顺畅，就用看板让流程中的瓶颈变得明显可见。用看板记录最高 WIP 数量和周期。在开发不顺畅的情况下，最高 WIP 数量和迭代周期更能代表团队的开发能力（参见 12.5 节和 12.6 节）。

8.7.2　陷阱：团队成员单打独斗
Trap: Everyone Takes His or Her Own Story

刚开始采用敏捷方法的团队很可能还是习惯按人员分配工作，比如每个人认领若干故事，或者由产品负责人给每个人分配故事。

这听起来挺有用，把工作分下去效率更高，不是吗？

恰恰相反，知识工作是相互依赖的工作，需要相互帮助、相互学习。我们需要其他人的协助才能完成任务，同时我们需要通过交付来学习。我还没看到过哪一个人能单独完成功能开发的。每个功能都至少需一位开发人员和一位测试人员。

如果遇到这样的陷阱，可以考虑以下对策：

• 使用看板，限制 WIP 数量，从而让大家了解工作进度和瓶颈。

• 要求团队针对每一项功能展开攻关，让大家看到一起工作的效果。

• 你可以要求团队成员结对工作。结对工作比每个人单打独斗更适合软件开发。

8.7.3　陷阱：躲在看板后面的瀑布式开发
Trap: Waterfall Masquerades as Kanban

使用看板并不代表你的开发方法就是敏捷的。

这种情况我至少见过两次。有一个团队，虽然他们的看板上有分析、架构设计、产品说明、功能说明、开发、测试这几栏，但是他们的开发流程完全是瀑布式的。

他们的工作流程是这样的：产品负责人提供包含功能需求和非功能需求在内的长文档；然后，他将所有需求放入分析栏；这些需求都不是以故事的形式呈现的，也没有验收标准；架构师根据这些需求设计架构，然后交给高级开发人员；高级开发人员编写设计说明；接着其他开发人员开始编写功能说明；开发人员开始编写代码；最后，测试人员开始测试。他们有指导测试的代码和文档，但文档与代码并不匹配。

团队的 WIP 和文档多得可怕，却几乎没有合作。

尽管团队使用了看板，但是由于没有限制 WIP 数量，也不鼓励合作，它的流程完全称不上是敏捷的。

另一个团队没有自己的架构师。只有一位临时的架构师指挥团队开展工作。团队的看板上有接收说明书、开发、测试、返工这几栏。看板上居然有返工栏，看来前期设计肯定错误百出。

这两个团队的人都感到工作束手束脚，没有任何乐趣可言。

我不能保证敏捷项目很有趣，但是至少有不少能够自主决定工作流程的敏捷团队找到了工作的乐趣。

8.7.4　陷阱：瀑布式迭代
Trap: You Have Iterations of Waterfalls

有些团队虽然有两周的迭代周期，但是他们的工作方式是这样的：

• 第 1 天：分配工作任务，开始开发。

• 第 2~6 天：开发人员继续开发，测试人员无事可干。

• 第 7~9 天：测试人员测试，向开发人员反馈问题。

• 第 10 天：发现工作任务只完成了一半；或者开发人员说"完成"了，但测试人员没有完成。

团队没能完成预定的工作。通常，团队会发现开发的功能存在许多缺陷。更糟的情况下，甚至会让缺陷进入下一次迭代。团队在一次迭代期间要处理很多 WIP，而且大家对此并不知情。

这里的核心问题是，团队没有承担应有的责任。大家在迭代中使用的是瀑布方法，而不是敏捷方法提倡的团队协作。

解决办法是鼓励大家合作，同时用看板限制 WIP 数量，或者将迭代周期缩短一半。

确保看板反映团队的实际工作进度，同时限制 WIP 数量，这样才能找到流程的瓶颈。

如果这样做还不能解决问题，那么你就需要考虑缩短迭代周期了。缩短迭代周期有利于暴露问题。如果原来的迭代周期是四周，请缩短成两周。如果原来的迭代周期是两周，请缩短成一周。

迭代周期缩短为原来的一半，团队就会给自己施加压力，减少认领的工作量。这有助于团队提高单位时间的吞吐量。

如果迭代周期已经降到了一周，还是解决不了问题，那很可能是因为故事太复杂了。此时需要设法简化故事。

8.8　思考与练习
Now Try This

1. 思考你的团队应该采用固定迭代周期的敏捷方法、自选节奏，还是基于工作流的敏捷方法。这将决定采用哪种展示板，以及何时进行更新。

2. 无论是否使用固定的迭代周期，你都可以考虑使用看板反映团队的工作流程。

3. 限制 WIP 数量，了解团队的工作能力。

第 9 章

追求技术卓越
Create Technical Excellence

你喜欢做手艺活吗，比如烹饪、木工、针织？怎样才能做得更快？一方面要积累经验，另一方面要营造合适的工作环境。

以烹饪为例，我们先要确定做什么，是晚餐还是甜点？不同的菜品需要不同的计划（烹饪方法）。我们还需要工具（锅碗瓢盆刀），以及用来临时盛放半成品的器皿。如果赶时间，我会多读几次菜谱，这样我就知道什么时候该做什么。我会预先准备好食材，以便在需要时一切食材都在手边。我会一边做菜一边清理，免得灶台上堆满了东西，碍手碍脚。

写代码也一样。我们先和产品负责人讨论故事，确定要做什么。我们审查、测试已有的代码，以便决定下一步做什么。我们开展各种层次的测试，以便保持代码干净整洁。

当然，我不是说开发软件像做饭一样简单。但是开发软件也像做饭一样，需要我们考虑下一步做什么，以及怎么做，同时为了提高效率，也要保持工作环境干净整洁。

开发软件（或硬件）产品，需要花更多的时间讨论做什么（定义和提炼需求）。我们阅读和测试已有代码的时间往往比编写代码的时间更长。

因此，提高开发效率可以从以下几个方面着手：

- 优化代码的可读性和可测试性。这要求一边开发，一边重构（简化）代码。

- 尽早交付，了解进展情况。这要求精简故事、持续集成。

- 追求技术卓越。这要求开展各种层次的测试。

9.1 产品需要什么样的质量
How Much "Quality" Does Your Product Need?

产品不一定要做到完美才发布。Geoffrey Moored 在《Crossing the Chasm》[Moo91]一书中提出的技术产品周期曲线指出了客户在不同阶段对产品质量的要求（见图 9-1）。

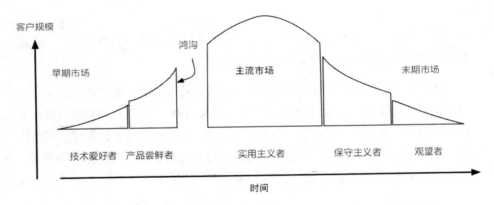

不同类型客户有不同的关注点

技术爱好者	产品尝鲜者	实用主义者	保守主义者	观望者
1. 发布时间	1. 发布时间	1. 缺陷少	1. 缺陷少	1. 缺陷少
2. 缺陷少	2. 功能多	2. 发布时间	2. 功能多	2. 功能多
3. 功能多	3. 缺陷少	3. 功能多	3. 发布时间	3. 发布时间

图 9-1 技术产品周期曲线

处于早期市场阶段的产品，其主要用户是技术爱好者和产品尝鲜者。这时需要采取快速增量发布方式，以便及时获得这些用户的反馈意见（参考《四步创业法》)。因此,必须精简故事,缩短迭代周期,快速交付产品。

等产品跨越鸿沟之后(用户达到了一定数量),就要把工作重心放到消灭产品缺陷上,以满足实用主义者的需求。

有些管理者为了节省时间,会要求团队"走捷径"。Gerald Weinberg 在《Quality Software Management, Volume 1》[Wei92]中将软件质量的第零定律定义为:"如果你不关心质量,你就可以提出任何要求,"包括赶进度。

已有代码和测试的质量,以及下一步行动的明确性和复杂度,共同决定了项目的速度。"走捷径"只会造成混乱。[12]

在跨越鸿沟之前,开发团队需要快速行动,获取用户的反馈;跨越鸿沟之后,就要把工作重心放到追求技术卓越和保证产品质量上来。为此,开发团队要做到以下几点:

- 持续集成,以便查看进度。

- 保持代码和测试干净整洁。

- 齐心协力提高团队工作效率。

- 开展各种层次的测试,以适应频繁的变化。

本章将具体讨论如何做到以上几点。

9.2　尽可能多集成
Integrate as Often as Possible

持续集成是指开发人员每次向版本控制系统提交一小块代码,就进行构建,然后检查构建情况。如果一切正常,这一小块工作就算完成了。我认为在采用持续集成的团队里,每个人每天至少要提交两次代码。我自己两个小时就提交一次代码,越快越好。

持续集成的优势在于:

---

[12] http://docondev.com/blog/2010/10/technical-debt-versus-cruft

- 让团队清楚完成了哪些工作，还有哪些工作没有完成。

- 开发人员可以了解自己提交的代码是否构建成功。

- 自动冒烟测试可以检查产品的性能和可靠性。

- 大家可以在已完成工作的基础上放心地开展后续工作。

整个团队可能正在等待某人提交代码，哪怕是 MVE 的代码。持续集成有利于缩短等待时间。

持续集成能提高团队的工作效率。开发人员可以马上确定提交的代码和单元测试是有效的；测试可以马上开展；团队可以马上看到进展（看板上的卡片发生了移动）。

集成越频繁，团队就能越快检验想法、代码、测试的效果。大家的学习速度就越快。

9.3　考虑持续交付
Consider Continuous Delivery

如果是纯粹的软件产品，那么还可以考虑持续的交付。请参阅《Continuous Delivery》[HF10]和《Unblock! A Guide to the New Continuous Agile》[Sin14]。

就算你无法采用持续交付，也可以考虑提高内部发布的频率，从而提高团队的学习速度。

9.4　不断重构代码和测试
Refactor Every Time You Touch Code or Tests

我说过要保持代码和测试干净整洁。我见过许多软件产品的自动化测试突然变得不起作用了，这是因为没有人对这些测试进行重构。

有时，系统构建突然失败了，这可能是因为没有采用持续集成，但更有可能是因为没有重构代码和测试。

有些产品获取数据和输出数据的方式一团糟，以至于接手的团队不得不重新设计代码。如果开发过程中能够做到不断重构，就不会出现这样的问题。重构比重新设计简单。重构就是做简化，让一切变得更清楚。

重构是简化，而不是重新设计。重构不会添加新功能。重构既适用于代码，也适用于测试。

9.5 全体协作
Work as a Whole Team to Create the Product

第 3 章曾谈到如何提高团队的协作能力。运用敏捷方法目的就是通过团队协作创造价值。团队协作的形式包括：结对、攻关、围攻。

结对

两个人一起工作，共用一台计算机、一个键盘。两个开发人员可以结对开发，两个测试人员可以结对测试。开发人员也可以和测试人员结对工作。只要两个人在一起就一个故事开展工作就是结对。

攻关

团队合作完成一个故事，每个人都贡献自己的专长。平台开发人员开发平台，中间件开发人员开发中间件，UI 人员创建 UI，测试人员编写测试。先完成自己手头工作的人主动为其他人提供帮助。

围攻

整个团队围着一个键盘工作。

结对、攻关、围攻的优点在于：

• 团队会限制 WIP 数量，这有利于大家专心工作。

• 团队成员可以相互学习。

• 增强团队合作。团队成员可以学习其他同事的工作经验、工作方式、专业知识、专业技能，了解别人是如何学习的。

· 大家都盯着这一小块工作，相当于做了持续评审。

有些管理者可能会对这三种协作方式的效率产生怀疑。但是敏捷方法需要团队共同承担工作负责。每个人参与的工作越多，他的责任感就越强。结对、攻关、围攻有利于增强这种责任感。

我曾认为围攻是浪费时间

作者：John，研发副总

我以前认为围攻是浪费时间。那么多人在一起能做些什么？

有一次，代码出现了问题，先是管理部分出了问题，解决管理部分后，引擎部分又出现一个新问题，解决引擎部分后，又影响到付款和搜索的部分。这个问题过了两个星期还没解决。

负责引擎的人和负责搜索的人开始一起寻找原因。负责付款部分的人无意中听到他们的谈话，说："这行不通！"

团队经理建议大家一起来解决这个问题。我很不高兴，因为我付了五个人的钱做一个人的事。

结果，他们第二天就解决了问题。两个模块的逻辑上存在矛盾。如果大家独立工作，很可能永远解决不了这个问题。

如果你对协作方式感兴趣，可以读一读这几本书：《Pair Programming Illuminated》[WK02]、《Beyond Legacy Code》[Ber15]、《Remote Pairing》[Kut13]、《Agile in a Flash》[LO11]。

9.5.1　结对实现持续审查
Pairing Creates an Environment of Continuous Review

结对工作可以解决一个人解决不了的问题。两个人可以相互学习、相互督促、相互提醒。结对工作还能节省时间，因为两人可以相互审查。

结对工作的两个人共用一个键盘，一个人打字，另一个人检查。打字的人称为驾驶员，检查的人称为领航员。通常，两个人每 15 分钟交换一次角色。

这样两人都有机会解决眼前的问题（驾驶员的任务）和考虑问题的情境（领航员的任务）。结对工作的实时审查性质可以降低严重缺陷的数量，从而为团队节省时间和资金。

我当领航员时，常常会问问题。这有助于我更好地理解故事和领域知识。我在结对时学到的知识尤其多。

9.5.2　攻关
Swarm on the Work

攻关是另一种团队合作方式，即团队一起解决一个故事。这时团队的 WIP 上限是 1。

攻关时，团队成员可以根据自己的专长和意愿选择单独工作或者结对工作。攻关开始前通常会开一个简短站会，大家说明自己想做什么。

攻关团队一起讨论故事。然后团队成员分头开展工作，可以采用单人、结对、三人的方式。大家约定时间（比如一小时后）碰头，展示各自的工作进展，决定下一步做什么。然后，大家又分头工作，直到完成工作。攻关的节奏是这样的：大家工作一个小时，然后碰头，互相检查进展，然后继续工作一个小时，再碰头检查进展，重复这个过程，直到完成故事。

如果有人先完成了分内的工作，他可以帮助其他人，以便尽快完成工作。

攻关有助于整个团队了解正在开发的功能。因为所有人都在一起工作，不存在中断工作的情况。攻关适合在短时间内完成某个给定功能。

如果故事过于复杂，无法再精简，那么可以考虑采用攻关的方式缩短完成时间。这里有几个攻关的例子：

A 团队和产品负责人一起讨论项目，确定每个人的分工。他们用了几分钟决定"进攻计划"，然后各自行动。开发人员写代码，测试人员开发自动化测试，同时记录探索性的测试进展。

A 团队决定每隔 25 分钟碰一次头。碰头时，团队成员通常会这样说："我遇到了困难，需要帮助。谁有空？"或者"我已经完成了这个部分，现在我有空，有人需要我帮忙吗？"由于故事不复杂，所以他们选择每隔 25 分钟碰一次头，这是一个比较合理的节奏。

完成自己的工作的人可以及时帮助其他人。A 团队有大量的自动化测试任务，因此，开发人员编写完代码后会继续帮助测试人员编写自动化测试。

攻关的形式不止一种。B 团队的 UI 开发人员、平台开发人员、中间件开发人员在一起攻关。他们在一个房间里，但是大家独立工作。

C 团队的平台开发人员和中间件开发人员结对编程，UI 开发人员则单独工作。

攻关可以采用多样化的形式。要注意的是，如果有人遇到了困难，他应该及时告诉大家，而不应该尝试自己解决。

9.5.3　围攻
Mob on the Work

围攻有点像攻关与结对的结合。[13]围攻时，团队的 WIP 上限为 1，所有人共用一个键盘。为了确保大家都能看到驾驶员输入的内容，通常会使用大屏幕。围攻应该隔一段时间（如每 10 分钟）更换一次驾驶员。

团队 A 采用以下方式围攻。整个团队围着桌子坐着，只有一个键盘。显示器的输出连接到投影仪，这样每个人都可以看到打字的人在做什么。团队约定每隔 10 分钟更换一次驾驶员。团队使用测试驱动开发方式，因此主要由测试人员指导开发工作。

团队 B 采用持续集成。每次提交代码后更换驾驶员，这样可以及时发现代码是否存在问题，决定是否重构。

围攻的好处是每个人都参与审查当前的工作，所有人都清楚代码和测试的工作方式。

多年前，我曾参加过一个项目，团队必须找到并解决一个非常重要的问题。所有人一起检查可能存在问题的区域。一旦发现可疑的地方，大家就分头开展工作。我们每隔几个小时碰头互相了解进展。

---

[13] http://mobprogramming.org/mob-programming-time-lapse-video-a-day-of-mob-programming

遇到困难的地方，我们就采用结对编程。大家一边检查，一边推进。你可能也有过同样的经历。只不过在当时，我们还没有把这种做法叫攻关或围攻。

9.6 开展各个层次的测试
Test at All Levels So Change Is Easy

敏捷团队可以从以下层次开展测试工作：

- 自动化单元测试，以便可以轻松地进行重构。

- 针对故事的自动化测试和探索性测试，判断是否满足故事验收标准。

- 针对功能集的自动化测试，判断功能集是否正常工作。

- 针对每次构建结果的自动冒烟测试，判断构建是否成功。

- 通过 API 对整个系统进行自动化测试，判断是否存在问题。

- 通过 GUI 对整个系统进行测试（部分自动化），判断用户与系统的初步交互能否正常进行。

- 针对整个系统的探索性测试，以便发现自动化测试无法发现的问题。

这些听起来有些烦琐，但团队做的测试越多，自动化程度越高，测试的速度就越快。而且测试可以帮助团队更快地适应需求变更。

如果团队在开发产品之前就开始考虑测试和自动化测试，那么开展测试会容易得多。

9.6.1 自动化测试
Automate as You Proceed

团队的自动化程度越高，就越容易完成工作。除了自动冒烟测试，应该让测试人员逐步将其他测试也实现自动化。

不要追求完美的自动化测试工具

作者：Sherry，QA 经理

有一段时间，我们采用的是手动测试，因为一直没有找到完美的自动化测试工具。

没多久，我们发现许多测试无法按时完成。测试变成了最严重的瓶颈。

于是，我挑了几个可用的测试工具。尽管这些工具还不完美，但至少可以用。我要求大家先用着，以便尽快反馈测试结果给开发人员。

我没料到，这样做效果很好。测试人员甚至把测试给了开发人员。开发人员也很乐意使用这些测试了解哪里出了错。

我们还决定一边开发，一边重构测试。每隔几个月，我们都要评估测试，找出重复的测试。虽然我们没找到最完美的自动化测试工具，但是通过反复重构，我们找到了足够好用的测试方式。

9.6.2　用测试驱动产品开发
Use Testing to Drive Product Development

敏捷社区一直提倡用测试驱动产品开发：

• 测试驱动开发（TDD）是指开发人员先编写测试，然后编写足够简单的、能通过测试的代码，等需要添加代码时，再进行重构。

• 行为驱动开发（BDD）是指先定义业务成果和用户行为，用它们来定义测试内容（参见 11.2 节）。

• 验收测试驱动开发（ATDD）则强调产品质量标准和验收细则的重要性，以此来定义测试内容。

不同的测试驱动产品开发方式有不同的用途。TDD 常用来进行单元测试，BDD 常用于功能和功能集测试，ATDD 则常用于系统测试。

如果整个团队能一起定义故事和验收标准，那么就更容易创建指导测试的用例。通常，测试人员会最先发现故事的不合理之处。产品负责人则会发现更多定义故事的方式。

为什么要先考虑测试？先考虑测试有助于我们全面考虑产品的设计和使用的各种可能性。而丰富的想法可以帮助我们质疑和完善需求。

需求问题往往最容易导致代码和产品出现问题（参见《Estimating Software Costs》 [Jon98]），所以任何有助于澄清和完善需求的办法都是有价值的（参见 12.8.2 节）。

另外，产品出现需求变更时，大家往往担心变更对产品的影响。测试可以让团队更好地适应需求变更。多层次（故事、功能集、系统）的测试让团队对代码更有信心。

借助测试用例，团队成员和产品负责人更容易就需求变更展开讨论，并达成共识。如果产品负责人提出变更要求，开发人员就会请他提供 ATDD 和 BDD 的测试用例，这样产品负责人就能进一步对变更进行阐述。

我自己甚至会使用 ATDD 和 BDD 的方式写文章和书，它们有助于我梳理想法。

9.7　当心技术债务和麻烦
Beware of Technical Debt and Cruft

如果你接手了一个现成的应用程序，那么你很可能会发现它的代码库不够干净整洁。让我来谈谈如何解决这个问题。

什么是技术债务？让我举一个例子。为了让产品赶上参加展会，或者演示给重要客户看，我曾经有意识地做出了决定，编写一个简单的演示原型，同时告诉负责演示的人不要偏离预设的演示方案。

演示原型的功能是不完整的，也没有做性能优化。我们只做了最少的工作，为的是赶上演示。这是一个事先有意识的决定，这就属于技术债务。

如果你写完代码后发现还有更好的实现方式，那就不属于技术债务，而应该称为学习和改进。

有些代码质量很差，开发人员考虑不够周全，测试也做得不够。这种情况也不属于技术债务，而应该称为麻烦。

技术债务不是未完成的工作

许多人把未完成的工作（比如，没完成的重构、没实现的自动化测试）称为技术债务。那不是技术债务，技术债务是你计划好的东西。

技术债务是团队自觉地做出的决定，比如不打算在代码或测试中解决某些问题。

然而，如果不是主动计划好的，那就不能称为技术债务，那只是你该完成而没完成的工作。

9.8 可持续的工作节奏
Work at a Sustainable Pace

开发团队经常会受到来自外部的"完成更多工作"的压力，有时甚至被要求"用更少的资源完成更多工作"。我不知道如何用更少的资源完成更多的工作。我只知道如何用更少的资源完成更少的工作。

我曾说过，我们阅读代码和测试的时间往往比写代码和测试的时间更长。为什么？因为人们需要时间思考。

阅读代码需要思考，讨论故事需要思考，定义验收标准也需要思考。

开发软件是需要思考的工作，人们需要空间和时间思考。

有些人可以在办公室里思考，有些人需要安静的地方思考。对我来说，比有空间思考更重要的是有时间思考。

如果管理者向团队施加压力，压缩了大家的思考时间，那么团队就会犯错。当我们需要同时执行多个任务时，就更容易犯错了。压缩工期只会增加交付的难度。

什么东西能降低交付难度呢？简洁的故事、技术经验、审查代码、自动化测试都能降低交付难度。唯独压力不能。

我从未见过在持续高压下完成交付的团队。如果要实现持续交付，应该保证项目也具有可持续节奏，每周五天，每天六到八小时。有些团队甚至会在夏天休假，每周工作四天，每天八小时。[14]

如果团队采用结对或围攻的工作方式，大家工作六七个小时后就会感到筋疲力尽。应该鼓励他们回家休息。

我见过许多团队在停止加班后提高了吞吐量。我也见过许多工作负荷超过承受能力的团队失去了动力，不停犯错。如果你想让团队完成更多工作，就不要让他们把时间花在多余的会议上，不要让他们同时做多项工作。应该让他们集中精力做最有价值的工作，而且单块工作不能太大。

9.9 用技术提高开发速度
Use Technical Excellence to Speed Development

我说过，项目速度是由已有代码和测试的质量，以及下一步行动的明确性和复杂度共同决定的。

作为团队的领导者，你应该鼓励团队追求技术卓越，提高代码的质量。我经常要求团队在一个小时内完成一个小的故事，看看他们能在一小时内完成多少工作。许多团队在一小时内完成了故事，包括自动化的单元测试和系统测试。大家都对自己的进步感到兴奋，并且很乐意学习新的工具和技巧。

有时团队会走捷径，但这不能成为一种常态，因为它会产生缺陷，拖累产品开发速度。事后修补缺陷的成本会很高，而且很难估计工作量。

这里推荐几本能够帮助团队追求技术卓越的书：《程序员修炼之道》《架构师修炼之道》《代码整洁之道》《修改代码的艺术》。

仅仅提高开发能力还不够，我们还需要提高测试能力。我推荐以下几本书：《敏捷软件测试》《深入敏捷测试》《测试驱动开发》。

团队成员可能还知道其他好书，快去问问他们（参见 13.10 节）。

---

[14] https://m.signalvnoise.com

9.10　识别陷阱
Recognize Excellence Traps

追求技术卓越的陷阱主要有以下三个：

• 认为不重构代码和测试可以更快交付。

• 等其他团队完成测试工作。

• 缺陷拖累进度。

9.10.1　陷阱：认为不重构代码和测试可以更快交付
Trap: We Can Go Faster Without Clean Code and Tests

我见过一些人为了赶进度推迟重构代码和测试，或者不想做代码审查。问题是，这样做往往适得其反。

当然，临时的演示原型也许不需要重构和测试，但这种东西是不能进入生产环境的，也不能用来交付。只有追求技术卓越，才能提高交付速度。

9.10.2　陷阱：等其他团队完成测试工作
Trap: Waiting for Other People or Teams to Test

有些团队没有测试能力，他们只能等待另一个团队帮他们完成测试工作。这会延长迭代周期，并且增加 WIP 数量。等到团队收到测试反馈时，往往会发现还有更多的问题需要解决，而且大家都将面临着同时处理多个任务的压力。遇到这种情况，应该设法把问题及后果展示出来：

• 在展示板上显示测试人员的数量不足的问题。

• 跟踪记录迭代周期。

• 建立多任务请求表（参见 14.3 节）。

团队等待测试的时间越长，项目的进度就越慢，而且延误成本会迅速上升。只有团队自己完成测试，才能提高交付的速度和质量。

9.10.3 陷阱：缺陷拖累进度
Trap: Defects Prevent the Team's Progress

造成缺陷的原因很多。如果不持续重构代码和测试，那么代码和测试就会变得越来越复杂，以至于无法继续开发下去。[15]

如果团队的迭代周期不断变长，或者故障率过高，那么可以考虑以下对策：

• 找出最近六至十个缺陷的根本原因。如果运气好的话，它们也许有一个共同的根本原因，修复一个缺陷能解决好几个缺陷。

• 找到根本原因后，再查找其他缺陷。通常，每修复一个缺陷都会加快开发进度。

• 检查团队有没有坚持协作和重构。必要的话，可以画雷达图来记录团队的表现。

某团队使用雷达图记录团队的表现，初始情况如图 9-2 所示。团队希望借助这种方式提高吞吐量，减少缺陷，降低故障率。

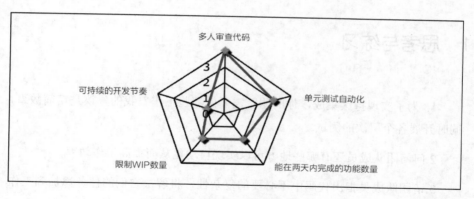

图 9-2 雷达图（初始情况）

三个月后，团队的得分情况如图 9-3 所示。

---

[15] https://vimeo.com/79106557

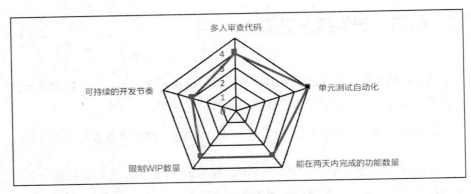

图 9-2　雷达图（三个月后）

尽管团队的表现还不完美，但是采用这个办法已经显著地减少了缺陷，提高了吞吐量，精简了故事，同时大家再也不用加班了。

作为领导者，你应该与产品负责人合作，确保团队持续地重构，及时处理缺陷，哪怕这些缺陷与目前正在开发的功能无关。除了代码，还要重构测试，我发现后者往往比前者更需要重构。

9.11　思考与练习
Now Try This

1. 为了实现持续集成，你的团队需要做哪些工作？我的建议是精简故事，同时开展各个层次的测试。

2.问问团队成员还有哪些地方可以实现自动化从而提高工作效率。

3.请团队成员指出代码中不必要的复杂性，将解决它们的任务添加到工作列表里。

第 10 章

估算工期

Agile Estimation

估算是为了设定期望值。比如开车去某地,你想知道大概要开多久。你可能会这样说:"从 A 开到 B,大约需要 30 分钟"。这是你凭经验做出的判断。

这是粗略的估算。当领导让你估计项目工期时,他们多半就是希望听到这种回答。这种估算并不要求准确。

如果团队成员在不同的地点工作,而不是采用结对、攻关、围攻的形式工作,那么大家就要估算各自手头的工作多久能完成。这就需要更加准确的估计。

每个团队估算的准确性都不同,这也许是因为团队成员不固定,或者不确定究竟由谁来做某部分工作,或者不确定是否有能力顺利开发功能。团队有时需要通过做试验(如 MVE 或 spike)来了解功能集的信息和复杂度。

有时,团队不清楚代码的复杂情况,因为负责开发这块代码的人恰好去度假了。

只有清楚已有代码的状态、团队开发速度、工作量,团队才能准确地估算工期。只要三者有一个不清楚,那么估算就不可能准确。此外,如果团队成员中有人要同时完成多个任务,或参与多个项目,那么也很难准确估算工期。

本章介绍如何用开发速度和平均工期进行估算,以及什么是不估算运动。

10.1　理解开发速度
Understand Velocity

假设你要开车到大概 10 公里外的目的地。进入高速公路前，你开得比较慢；进入高速公路后，你可以按最高限速行驶；最后进入一条小路，匀速前进到达目的地。速度越稳定，你如期抵达目的地的概率就越高。

现在假设高速公路堵车，你的行驶速度达不到高速公路的最高限速，那么你就可能迟到。如果下大雪，行驶速度减半，你也可能迟到。

同样，采用开发速度估算工期并不容易。团队的开发速度能否达到一个较高的稳定值，取决于故事的大小是否稳定，以及任务的复杂性。如果任务很复杂，即使故事再直白，团队也要花更多的时间才能完成。

故事的大小影响估算的准确性

Kathy Iberle 曾指出，人们往往认为速度是相对稳定的 (如开车、骑自行车、步行)，而距离是不会变化的 (一公里始终是一公里)。a

但是在敏捷开发中，故事的大小是变化的 (相当于距离是变化的)，所以很难用开发速度来估算工期。

因此，我建议将故事的大小控制在能够在一天内完成。这样估算工期才能做到比较准确。故事的大小越不稳定，估算工期的难度就越大。

a. http://kiberle.com/2017/06/29/velocity-a-squishy-measure

你可以用开发速度来估算工期，前提是团队能达到稳定的开发速度。而达到稳定的开发速度通常至少需要经历六七个迭代周期。

10.2　用相对大小预估工期
Learn to Estimate with Relative Sizing

如果团队刚开始接触敏捷开发，那么大家很可能都不清楚团队的开发速度能达到多少。这时，领导很可能会要求你估算工期。

千万不要替团队估算工期，更不要替团队做出承诺。敏捷团队应该自我管理，团队应该共同决定如何开展工作，也应该共同估算工期。

当然，你可以协助团队用相对大小估算工期，哪怕团队成员从未一起工作过，也没有经验数据可参考。

估算工期可以采用 Wideband Delphi 的形式，集思广益。具体办法是让大家根据自己的工作经验评估故事大小，并估算工期。

什么是 Wideband Delphi

Wideband Delphi 是一种集体估算方式。早在敏捷方法出现之前，就有人用它估算项目工期。通常先由产品负责人向团队成员解释所有的需求，分配任务，接着团队成员分头估计自己的任务需要多长时间完成。

然后，团队成员碰头，各自阐述对任务及其复杂性的理解，并给出估算结果。团队可以重复这个过程，反复开碰头会来提高估算的准确性(参见《Manage It!》[Rot07])。

首先，产品负责人定义故事。故事要尽可能精简和真实，以便团队理解每个故事的价值。

然后，团队按大小将故事分组（大小相似的故事放在一组），分组按从小到大排列。团队共同估算完成基本故事的时长。

接下来估计故事的相对大小。使用斐波那契数列（1、2、3、5、8、13……）给分组编号，编号代表分组里故事的大小。最小的一组编为 1，第二组编为 2，然后是 3……直到所有分组都编上号（参见《Agile Estimating and Planning》[Coh05]）。

接着，大家一起估计编号为 2 的分组中的故事平均需要多长时间完成。

假设团队认为编号为 2 的分组中的故事平均需要单人工作 10 小时完成，那么就能推算出编号为 1 的分组中的故事平均需要多长时间完成（将 10 个小时除以 2，也就是 5 个小时）。问问大家是否认同这个结果。如果认同，用 5 小时乘以每组的编号就能得到相应故事的预计完成时间。

如果有的故事编号大于 8，甚至达到 13，那就要小心了。一般团队都无法理解编号超过 13 的故事。

编号超过 8 的故事，要么存在不确定性，要么非常复杂。可以考虑采用 spike 的方式，尝试将故事进行分解（见 7.3.2 节）。

以下是我的一些工作经验：

• 如果团队无法在一个工作日内完成编号为 1 的故事，那就说明故事过于复杂了。

• 如果故事的平均编号超过 5，那么有以下几种可能：故事太复杂；团队还不理解故事；事先没有定义 MVP；代码质量很糟糕。此时请和团队一起找出原因并加以解决。

• 正常情况下，编号为 1 的故事应该是最多的，如果不是这样，产品负责人应该与团队一起设法缩小或拆分故事。

采用编号为 1 的故事（1 代表一个团队工作日或更少），有如下优点：

• 可以提高估算精度，提升团队的信心。

• 团队每天至少可以交付一个故事。

• 降低项目的总体风险。

你的故事比我的大

我喜欢简洁的故事，但不同人对故事的大小有不同的定义。

有一位产品负责人说："只要团队能够在两天内完成故事，对我来说就足够小了。"但是另一位敏捷教练说："我认为只要故事编号不超过 3 就行，没有必要继续拆分。"

尽管不同的人有不同的意见，但我认为，只要保证团队每天能交付一个故事，就可以认为故事足够小了。

故事的编号越大，不确定性就越高，就越难估算工期（参见《Predicting the Unpredictable》[Rot15]）。

10.3 相对估算
Use Relative Estimation for Iteration-Based Estimates

敏捷开发团队需要定期制定下一轮迭代目标并估计工期，这时可以采用相对估算。

相对估算是这样的，产品负责人首先对待办事项进行优先级排序（见 13.6 节），然后团队逐一对故事进行评估。有些团队会用到计划扑克，扑克上的数字是斐波那契数列（1、2、3、5、8、13……）。

☝ **Joe 提问：**
计划扑克怎么用？

计划扑克上的数字是斐波那契数列。通常每个人会拿到八张卡片（分别是 1、2、3、5、8、13、20、40）。

团队进行估算时，产品负责人会就某个故事请大家给出估算值。每个人都拿出一张扑克来，代表自己对这个故事的估算值。

计划扑克具有直观易用的特点，可以让团队迅速发现分歧和潜在问题。如果团队成员对故事的估算出现分歧，团队就必须采取措施，决定是采用较大的估算值，还是采用较小的估算值，或者将故事分解进行拆解。

如果故事的编号过大，团队可以选择用一天时间制作 spike，以便了解故事的复杂性，然后决定如何进行拆分。

相对估算的问题在于：故事越复杂，不确定性就越大，团队的估算就越不准确。这个问题的解决办法不是增加估算次数和估算时间，而是设法拆分故事（见 13.7 节）。

为了提高估算的准确性，应该尽量采用大小为 1 的故事。

10.4 统计故事的数量，而不是扑克点数
Count Stories Instead of Points

有些团队喜欢用任务点数（计划扑克的点数）进行估算，你会听到团队成员说："我们需要这么多点的前端，这么多点的后端，以及这么多点的测试。"

这种做法的问题在于，它还是一种基于任务的估算方法，而不是以故事为单位开展工作。

只有当我们考虑可交付的成果（故事）时，我们才能发现交付目标是否过于复杂，是否有难度。而采用错误的估算单位（点数）会影响估算的准确性，甚至会差得很远，因为你考虑的不是可交付的成果，而是工作量。

我看到有些团队用任务点数填写任务。这些团队使用的是基于任务的估算方法，而不是基于故事的估算方法。

正确的做法是统计故事的数量，并且尽可能将故事精简到可以在一个工作日内完成。

10.5　用平均工期提高估算准确性
Consider Cycle Time to Create More Accurate Estimates

我建议敏捷团队统计故事的平均工期（见 12.6 节）。

原因如下：

• 平均工期反映故事的真实大小。

• 平均工期可以提高估算复杂故事的准确性。

• 平均工期可以用来检验大家的估算值。

采用平均工期的估算方法如下：

1. 确定统计的时间段。我建议刚开始时把时间设置为两到四周，以便收集足够的信息。

2. 统计团队在这段时间内完成的故事数量，计算平均值（见表 10-1）。

表 10-1 统计平均工期

故事编号	开始日期	结束日期	持续时间
1	第 1 天	第 3 天	2 天
2	第 3 天	第 4 天	1 天
3	第 4 天	第 6 天	3 天
4	第 7 天	第 8 天	2 天
5	第 8 天	第 10 天	2 天
总计			
5 个故事	10 天	平均工期：	2.4 天

有些故事的完成时间长，有些故事的完成时间短。平均工期反映了故事的平均完成时间。用平均工期乘以故事数量，就能估算出总工期。

如果你遇到单个故事工期差异较大的情况怎么办（见表 10-2）？表中平均工期为 3.6 天，但是单个故事的最长工期为 8 天。这时还能用平均工期进行估算吗？可以，但是估算的准确度会降低。

表 10-2 工期差异较大的情况

故事编号	开始日期	结束日期	持续时间
1	第 1 天	第 3 天	2 天
2	第 3 天	第 7 天	4 天
3	第 7 天	第 15 天	8 天
4	第 15 天	第 16 天	1 天
5	第 16 天	第 19 天	3 天
总计			
5 个故事	19 天	平均工期：	3.6 天

10.6　理解估算目的
Know the Purpose of Your Estimation

我们可以利用团队的智慧准确地估算出工期，前提是清楚估算的目的。

管理层需要的可能只是粗略的估算，以便了解项目何时结束。团队需要更准确的估算，以便知道一次迭代能完成多少工作。

如果团队定义的故事大小相当，那就不需要估算工期。你只需要统计故事数量。如果故事的大小都控制在一天以内，效果会更好。

注意，我说的是故事（对用户有价值的东西），而不是任务。经验表明，习惯统计故事的团队有如下好处：

- 团队会习惯定义大小相当的故事。

- 团队定义的故事会逐渐精简，可以在一天内完成。

- 团队成员能理解产品的所有故事。

请尽量使用故事估算工期而不是任务估算工期。

10.7　为管理层估算工期
Create Approximate Estimates for Management

许多管理者希望知道项目团队何时能完成"所有"功能。这是因为他们在项目结束之前看不到项目的价值，而敏捷项目可以在项目结束前交付价值。

如果管理者问你何时完成"所有"功能，他们真正想知道的也许是何时可以向客户交付价值，何时可以使用软件，何时能创造营收。你可以向他们展示产品路线图，并说明随着对产品理解的加深，团队会定期更新路线图。

如果对方仍然想知道何时完成"所有"功能，你可以和团队一起利用手头的信息估算工期，并且给出估算的可靠性。

以下是估算方法：

1.团队成员一起根据产品路线图估算工期。

2.采用相对估算法。

3.一边遍历路线图，一边估算工期。注意，越复杂的功能，估算的准确性就越低。

4.统计结果，并且给出估算的可靠性。

我举一个例子，某产品共有五个功能集，项目团队为其中三个功能集定义了详细的故事，但是不太清楚剩下两个功能集的细节。管理层希望在两天内估算出工期。团队的估算结果如表 10-3 所示。

表 10-3　某团队的估算结果

功能集编号	故事数量	平均工期	合并工期	可靠性
1	16	2 天或 3 天	40	高
2	8	1	8	高
3	12	2 天或 3 天	30	高
4	15	5 天或 8 天	120	中
5	12	13 天?	156	低
总计				
5 个功能集	63		354 天	中

团队估算工期是 354 个团队日，估算的可靠性为中等。以下是团队给管理层的解释："如果顺利的话，我们估计大约 70 周可以完成项目。对于这个估算结果，我们只有大约 50%的把握。但是，我们可以在未来两周内提供更新的估算值，而且往后每两周都能更新一次估算值和估算的可靠性。"

0.8　估算技术支持的工期
Estimate Support Work

许多团队在开发产品的同时，还要为过去开发的产品提供技术支持。这意味着他们时不时得中断手头的工作。因此需要以某种方式估算技术支持的工期。

以下是估算技术支持工期的一种方法:

•连续三次迭代,记录团队花在技术支持上的时间。

•在三次迭代结束时,计算出单次迭代团队花在技术支持上的平均时间。

•根据这个平均时间估算接下来的技术支持工期。

你可能会发现,花在技术支持上的时间几乎占了迭代周期的一半。如果是这样,一定要找出原因。是不是产品代码的质量不高?是不是原来的测试做得不够?

在决定做技术支持前,我通常会问一个问题:"这些问题需要现在就解决,还是可以攒起来一起解决?"如果可以攒起来一起解决,可以提前收集问题、做一点测试,以便提高团队解决问题的效率。

10.9 借助历史数据估算工期
Use Previous Data to Inform Your Next Estimate

我一直建议敏捷团队精简故事,故事的大小最好能在一个团队工作日内完成。这样做可以提高团队的吞吐量,同时让估算变得简单。但是,有些团队可能暂时还做不到这一点。

如果故事大多无法在一个团队工作日内完成,应该考虑使用历史数据估算工期。

以下是利用历史数据估算工期的方法:

•测量多次迭代的开发速度。新团队通常需要六到七次迭代才能达到稳定的开发速度。

•如果每次迭代的开发速度相差很大(比如,第一次迭代是 37 点,第二次迭代是 54 点,第三次迭代是 24 点),那说明团队的开发速度还不稳定,也许需要分类统计(将功能、缺陷、变更分开计算,见 12.4 节)。

•等团队的开发速度稳定后(偏差小于 10%),就可以用这个速度来估算工期了。

除了开发速度，还可以采用平均工期进行估算（见 12.6 节）。

> **多任务影响开发速度和估算**
>
> 　　不管是一个人执行多个任务，还是所有人执行多个任务，都会影响团队的开发速度。任何人同时做好几件事都会降低效率。为了提高开发速度和估算准确性，请不要同时执行多个任务。

　　除了避免同时执行多个任务，还要避免做太长远的估算。如果管理层对短期估算不满意，可以通过演示原型加强沟通。

10.10　不估算运动的意义
Consider the Value of #NoEstimates in Your Organization

　　对有些团队来说，估算工期也许没什么意义，比如产品负责人频繁修改故事，或者团队发现故事并不像设想的那么精简，又或者团队发现代码一团糟。这些情况都会让估算失去意义。

　　为了应对这些情况，不估算运动提出停止估算工期，转而专心创造价值。

　　估算工期的价值在于提供一个大致的参考，让大家了解何时可以完成项目或功能集。但是，只要敏捷团队能够保持稳定的吞吐量，就根本不需要估算工期。

　　设想这样一种情况：产品负责人和团队一起定义出能在一个工作日完成的故事，然后团队采用攻关或围攻的方式工作，这样每个人都知道他们要做什么以及何时完成。团队没有 WIP 或只有很少的 WIP，因为一完成故事就能发布。

　　在这种情况下，就没有必要估算工期。只需要数数剩下的故事，就知道后面的工作需要多少天完成。

　　串行开发方式更能体现估算工期的意义，因为团队只有在项目结束时才能交付价值。真正的敏捷方法也许不需要估算工期。

10.11　识别估算陷阱
Recognize Estimation Traps

估算工期应该留心以下陷阱：

- 团队各自为政。

- 速度加倍。

- 增加工作量。

- 全盘估算。

如果遇到这些情况，可以采取以下措施。

10.11.1　陷阱：各自为政
Trap: Experts Take Their Own Stories

刚接触敏捷方法的团队往往还是习惯各自为政。Janet 懂数据库；Dan 懂中间件；Sharon 熟悉用户界面；Steve 熟悉测试。大家各自根据专长领取任务。

敏捷方法需要团队协作，大家围绕一个故事开展工作。各自为政会降低工作效率。如果大家不合作，团队就无法发布功能。开发人员最起码也要和测试人员合作才能完成功能。各自为政会造成 WIP 数量不断增加。

遇到这种情况可以采取以下措施：

- 要求团队一起估算工期，而不是各自估算工期。

- 要求团队合作，采用攻关或围攻的工作方式。这样工作持续两周后能大幅提高团队估算工期的准确性。

- 如果有人坚持自己干自己的，可以用展示板记录"瓶颈"，并且在迭代回顾时指出来。

团队各自为政时，每个人考虑的是自己手头的工作；只有大家一起合作，他们才会考虑共同的目标。

10.11.2　陷阱：速度加倍

Trap: Double Your Velocity

不懂敏捷方法的管理者常常想要提高团队的开发速度。这是对开发速度的典型误解。开发速度是团队的历史数据，用来预测下一次迭代可以完成多少工作，可以提高估算工期的准确性。

开发速度不是团队的生产力指标，更不是个人的生产力指标（见 12.7 节）。

如果你想提高开发速度，最简单的方法是将分配给故事的点数加倍。团队还是完成同样的故事，但是看起来速度提高了一倍。

当然，这只是在玩数字游戏。真正的解决办法是问管理者："你需要什么样的结果？除了尽快完成项目，还需要什么？"

向管理者解释敏捷团队应该保持可持续的工作节奏。团队不会故意降低开发速度，大家是在重构代码和测试，或者解决其他问题。而且每个团队的开发速度都不一样，每个项目的开发速度也不一样，项目之间没有可比性。开发速度是团队的历史数据，不是对未来的承诺。

尽量不要向管理层展示开发速度，你可以采用其他方式汇报开发进度（见第 14 章）。

10.11.3　陷阱：增加工作量

Trap: We Can Do More

某敏捷团队在过去六个月里达到了每次迭代完成 35 点的稳定开发速度。于是，管理层认为该团队可以承担更多的工作量。这是没道理的。估算时不能随意增加工作量，因为敏捷团队需要保持可持续的开发节奏。

在可持续的开发节奏下，团队可以灵活地重构代码和测试，不断提高代码质量，开发出最佳的产品。增加工作量会干扰团队的工作节奏。

如果团队成员希望增加工作量，应该先分析他个人的历史数据，或者让他开展试验，看看会发生什么。

如果是团队以外的人希望增加工作量，请告诉他，提高团队开发速度的唯一方法是精简故事，而不是增加任务。

10.11.4　陷阱：全盘估算

Trap: We Need Detailed Estimates for "All" of It

有些管理者会要求对产品的所有功能集进行估算，哪怕这些功能集非常复杂，而且团队是逐步完成这些功能集的。

功能集越复杂，估算难度就越大。考虑到需求和故事有可能出现变化，全盘估算的难度就更大了。

请考虑以下应对措施：

• 了解对方需要什么。是否面临为整个功能集提供详细交付日期的压力？如果是这样，可以考虑让团队先完成这个功能集。可以先采用攻关或围攻的方式完成几个功能，以便团队可以做出更准确的估算。

• 统计团队完成每个功能的平均工期。

• 提醒对方，估算对象越复杂、时间越长，估算的准确性就越低。如果对方希望尽快交付，请与产品负责人合作，尽可能精简故事，并提高目标功能集和故事的优先级。

• 向对方展示团队的交付成果，让对方理解敏捷团队的工作方式。

使用图 7-1 向对方解释产品功能的价值随时间变化情况。也许客户现在需要只是前几个功能，而不是产品的所有功能。

10.12　思考与练习

Now Try This

1. 你在为谁估算，是管理层还是团队？

2. 让团队讨论采用哪种方式估算：故事数量、平均工期。先不要估算大块的工作，先估算小块工作，完成后检查估算是否准确。

3. 考虑精简故事，并要求团队一起完成，这样就不需要估算了。

第 11 章

完成的含义

Know What "Done" Means

项目完成的含义是什么？有如下几种可能：

- 项目到期，或者该做的都做了，并且没有太多的问题，可以交付产品了。

- 项目符合发布标准，可以交付产品了。

- 项目团队做完了该做的工作，把产品移交给其他团队打包或维护，等待发布。

在传统开发方法里，产品经理或高级经理直到项目结束前一周才看产品演示。如果他不喜欢产品的功能或外观，或者发现缺陷太多，就会宣布项目没有完成。大家还得回去接着干活……

敏捷方法通过频繁发布避免了这种情况的发生。那么团队如何判断项目是否完成呢？团队如何知道产品能不能满足客户的需求呢？

本章具体讨论项目完成的含义。

11.1　各种完成
See the Different Levels of Done

我们用完成表示某种阶段性的状态，比如完成某个故事，完成某次迭代，完成某产品的发布。显然，这些完成各自代表着不同的含义。

以故事为例，我认为应该将产品负责人接受故事作为故事完成的标准，并把它明确地写到项目展示板上。

故事完成与否可以从以下三个方面判断：

•故事满足故事验收标准。

•故事的实现符合团队的技术要求。

•产品负责人接受故事。

如果故事满足以上标准，那就真的完成了。

11.2　为故事定义验收标准
Define Acceptance Criteria for Each Story

让我们从微观层面开始：如何知道团队完成了一个故事？故事应该满足验收标准，并且满足团队达成的工作协议。

我喜欢用行为驱动开发的“条件-行为-结果”方式来定义故事的验收标准。

条件（given）：指出背景条件。

行为（when）：执行某些操作。

结果（then）：可观察的结果。

这种方式很适合用来给故事定义场景。我还喜欢根据场景的数量判断故事的大小。如果某个故事的场景超过了四个，我就会担心这个故事太复杂了。

11.3 确定团队的技术要求
Define What "Done" Means as a Working Agreement

故事的实现应该满足团队的技术要求，通常包括以下几个方面：

• 所有代码都已提交。

• 完成了自动化单元测试。

• 完成了 API 层次的自动化系统测试。

• 所有自动测试都已提交。

• 所有测试都通过了。

• 功能文档已编写完成。

• 有某种方式（如结对或审查）阻止团队成员走捷径。

当然，你的团队可以根据自身的特点定义技术要求，不一定要照搬以上内容。

> \|/ **Joe 提问：**
> **如何判断迭代是否完成？**
>
> 如果你需要判断迭代是否完成，那说明你无法在迭代周期内完成既定故事。
> 遇到这种情况，与其考虑迭代是否完成，不如在展示板上增加接受栏。团队向产品负责人演示成果，然后决定是否将故事移动到接受栏。

11.4 何时发布
Consider When You Can Release to Customers

产品负责人有时会考虑什么时候发布阶段性的产品。我的建议是，越早发布越好。当然，前提是要发布有意义的东西，要确保故事是完整的。尽早发布有如下好处：

• 发布越频繁，团队练习的机会就越多。大家会建立足够的测试，确保安全成功。

• 早发布，就越早收到反馈信息。

• 越早发布，未完成的功能集（表现为 WIP）越少。

如果你的产品是纯数字化的，发布成本几乎为零，那么应该尽量做到持续不间断地发布。作为团队的领导者，你应该考虑如何降低发布的成本，尽量提高发布频率。

11.5　了解客户何时愿意接受发布
Understand When Customers Can Take Your Releases

团队的发布频率提高后，有时会听到一些客户抱怨："我们不希望每天或每周都收到新版本。半年发布一次新版本就行。"

客户这样说可能有如下几种原因：

• 他们需要先完成对新版本的质量检查，然后再发布给用户。

• 他们必须先做一些调整，才能使用新的版本，而这需要时间。

• 他们希望减少对用户的干扰。

客户也许还有其他理由。总之，他们希望自己决定什么时候发布产品。针对这种情况，可以考虑以下三种发布方式：

• 内部发布，只在团队内部发布，以了解产品的状况或用于演示。

• 增量发布，只在增加的用户达到一定数量时发布新版本。

• 所有客户发布新版本。

> **Joe 提问：**
> **如何发布不完整的功能集**
>
> 　　假设有一个包含 16 个故事的功能集，现在只完成了一部分。你希望将已完成的故事发布到代码库。但功能集尚未完成，这样做安全吗？
>
> 　　这样做的好处是使主代码保持最新的状态。问题是，如果客户还不能使用该功能怎么办？
>
> 　　许多团队使用某种标志来阻止客户使用未完成的功能集。这样做有可能造成等待摘掉标记的功能越来越多，同时该功能集的开发周期越来越长。
>
> 　　可以改为用标志告诉客户哪些功能可用。考虑如何实现回滚（包括数据库的回滚）。越早发布越好。

　　我喜欢内部发布方式，它可以让产品变得更稳定。做好能做到每天内部发布一次。根据客户的需求，你可以每个月对外发布一次，也可以一个季度或每六月发布一次。

多样化的发布策略

作者：Andrea，客户发布协调员

　　我们在发布新功能和新版本方面曾遇到困难。有些客户希望越快发布越好，但是有些客户只希望半年发布一次。我们当然希望更频繁地发布，这样才能吸引新客户，而且我们也不想维护过旧的版本。

　　于是我们改变了发布策略。客户可以随时查看新的功能。我们每个月发布一次，并在每年 4 月和 10 月推给所有客户。我们会与客户协调，确保他们做好过渡准备。客户可以自行决定是否采用新版本。

　　当然，做到这样并不容易。我们要实现频繁发布。我们要协调发布不同的版本给不同的客户，并且尽可能地避免犯错。结果是我们大大提高了客户的满意度。

11.6　构建真正完成的产品
Building a Product Toward "Real" Doneness

只有让客户满意的产品才是真正完成的产品。除了具备基本功能，产品还需要有一定的可用性、可靠性、安全性、性能。这些通常称为非功能需求。

如何从整体上满足系统的这些非功能需求呢？有如下几种方法：

• 根据基于场景的发布标准（见表 5-1）构建自动化测试，发现错误及时解决。

• 开展架构探索，比较几种不同架构设计的性能。

• 制定系统扩展后的性能验收标准。只有 10 个用户的故事也许不需要性能标准。一旦用户达到 100 个或 1000 个，就应该为故事添加性能验收标准。

某团队意识到需要提高搜索算法的速度。产品负责人和团队确定了六个常见的搜索方案。测试人员为每个方案创建了若干自动测试。开发人员实现了几个搜索算法。团队对算法进行了测试。他们花了一周时间获得足够的信息，以便决定选择哪一种算法。随后大家又做了更多的试验，最后将搜索速度提高了50%。他们将这些测试改为自动测试，用于每一次构建。这样团队就知道新构建是否会降低产品质量了。

请在故事的验收标准和产品的发布标准中加入这些非功能需求。

11.7　识别完成陷阱
Recognize "Done" Traps

团队很可能没有意识到他们遇到了完成方面的陷阱，比如下面这三个：

• 团队缺少完成标准。

• 全部完成才能发布。

• 产品需要继续强化。

11.7.1 陷阱：团队缺少完成标准

Trap: The Team Has No Criteria for "Done"

团队希望创造价值，但是有些团队不清楚完成的标准是什么，比如故事的完成标准、迭代的完成标准、项目的完成标准。如果团队没有就各种完成标准达成统一意见，那么项目就会一直拖下去。

敏捷团队必须制定清晰的完成标准。

11.7.2 陷阱：全部完成才能发布

Trap: We Can't Release Anything Until It's "All" Done

有些产品负责人认为，功能集必须全部完成才能发布。问题是这样他们就得不到及时的反馈信息。他们的敏捷项目只有少得可怜的可交付成果，而且这些可交付成果体量都很大。

可交付成果的体量越大，团队就越容易犯错，就越难开发出产品负责人和客户想要的东西。团队会感到不满，因为他们工作了很长时间。产品负责人和客户也会感到不满，因为他们没有获得价值。

作为领导者，你应该帮助产品负责人精简故事，同时鼓励团队多做试验，借助 MVE 和 MVP 尽早获取反馈信息。

11.7.3 陷阱：因不达标而返工

Trap: We Need to "Harden" the Product

有些团队缺少足够的故事验收标准，他们往往在迭代结束后发现并没有真正完成工作。

有些团队会增加一次"强化迭代"来完成没有完成的工作。我不建议经常这样做。应该鼓励团队尽早发现问题，而不是等迭代结束后再返工。

如果团队发现已标记为完成的工作并没有完成，可以考虑以下应该措施：

• 开展回顾，找出问题。注意这不是追究责任，而是要找出解决办法，不要责怪任何人。

·检查每次迭代的 WIP 是否过多。引导大家从思考"如何在每次迭代里塞进更多工作"变为思考"如何减少 WIP"。

·完善团队的验收标准。

要警惕各种返工，因为无法按时完成工作会影响团队的士气。如果团队无法完成工作目标，则应该精简故事，同时减少 WIP 的数量。

11.8　思考与练习
Now Try This

1. 你的团队是否有针对故事和内部发布的完整验收标准？

2. 团队的产品多久发布一次合适？什么时候可以让客户更新产品？

3. 团队的验收标准是否体现了对技术卓越的追求？

第 12 章

测算进度
Agile Team Measurements

多年来，项目团队和项目经理一直希望预测项目的进展。不幸的是，如果团队不能做到频繁交付，他们是很难判断项目的进展情况的。

敏捷方法可以解决这个问题，它告诉团队已经完成了哪些工作，还剩下哪些工作。有两种测算方式：基于团队的测算和基于项目的测算。敏捷团队通常在工作中使用前者，而在对外汇报时采用后者（见第 14 章）。本章介绍基于团队的测算。

12.1 通过测算了解情况
Teams Learn from Their Measurements

敏捷团队通过测算了解完成了哪些工作、还剩下哪些工作、下一步要做什么，等等。常用的测算的方式有如下几种：

• 记录功能或故事的完成数量。

• 记录已完成的功能、新添加的功能、待完成的功能。

• 记录迭代内容，了解团队实际的完成情况。

• 记录团队的最大吞吐量，确定 WIP 的数量上限。

· 记录平均工期，了解团队的工作能力。

· 记录遗漏的缺陷。

请考虑哪种方式最适合你的团队（进行内部展示和回顾）。

一边开发，一边记录

为了写书，我用了一些电子图表软件。在实际工作中，采用手绘的方式比采用软件好。测算团队的进度，不必担心图表的外观。团队需要的是数据，不是好看。

让我们从剩余图、完成图和速度图开始。

12.2　剩余图和完成图
Understand Burndowns and Burnups

许多敏捷团队采用剩余图来测算进度，如图 12-1 所示。

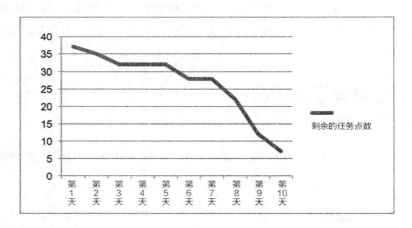

图 12-1　剩余图示例

还可以在剩余图上加上计划线（如图 12-2 所示）。计划线是团队的预计进度，通常是一条直线，代表稳定的工作节奏。

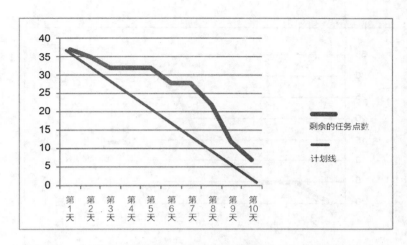

图 12-2 加上计划线的剩余图

从图 12-1 和图 12-2 中不难看出该团队刚开始时开发进度较慢，然后逐渐变快。尽管如此，他们还是没能按计划完成任务。

每次迭代结束后，不管团队有没有完成任务，都应该停下来进行检查和回顾。

该团队发现自己的进度落后，大家都有些自责，但他们并没有坚持作回顾。产品负责人只是把未完成的工作又添加到下一次迭代里。这导致他们无法找出进度落后的原因。

剩余图强调余下的工作量，就好比 GPS 导航告诉你离目的地还有多远。毕竟人们最感兴趣的是还剩下多少工作，而不是已经完成了多少工作。

比起剩余图，我更喜欢用完成图。完成图能反映团队完成了多少工作（见图 12-3）。

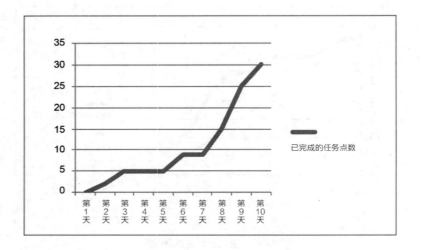

图 12-3 完成图示例

完成图也可以加上计划线（见图 12-4）。加上计划线后，我们不难看出，该团队从每 3 天开始落后于进度，到第 5 天情况还没有改观。如果我是团队成员之一，我一定会在每日站会上指出这个问题。如果我是团队的领导者，我会在回顾本轮迭代时让大家分析其中的原因。

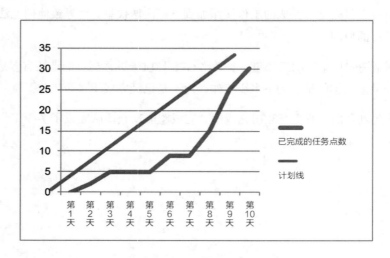

图 12-4 加上计划线的完成图

团队可以根据自己的习惯选择用剩余图或完成图。用哪种方式测算进度并不重要，重要的是这种方式应该促使你采取相应的行动。如果一种方式没能促使你采取行动，那么你就需要换另一种方式。

我更喜欢完成图，但它不一定适合你的团队。如果你喜欢剩余图，不妨看看 George Dinwiddie 的文章[1]。

12.3 统计完成率
Burnups Show You the Rate of Finishing

我习惯统计完成了多少功能。有些团队喜欢统计任务点数。某团队在迭代中遇到了困难（见图 12-5），他们的完成图看起来像曲棍球杆。

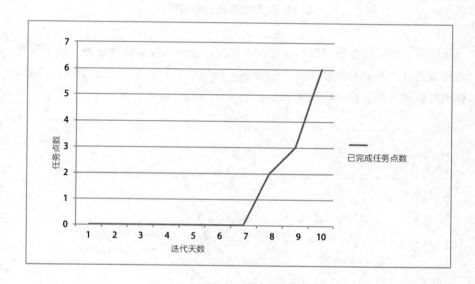

图 12-5 像曲棍球杆的完成图

另一个团队的开发进度则稳健得多（见图 12-6）。

---

[1] http://idiacomputing.com/pub/BetterSoftware-BurnCharts.pdf

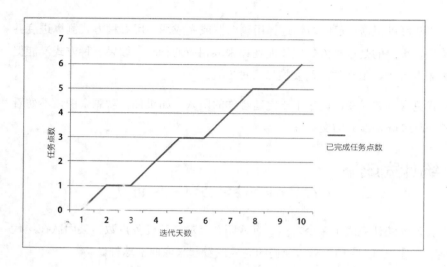

图 12-6　进度稳健的完成图

　　然而，统计的任务点数不一定代表进度。任务点数只代表任务，故事数量才代表进度。如果你希望测算项目进度，一定要统计完成的故事数量。当然，你也可以同时统计任务点数和故事数量（见图 12-7）。

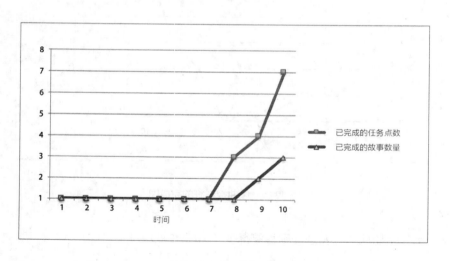

图 12-7　增加对完成故事数量的统计 A

任务点数不代表进度

前面的剩余图和完成图测算的都不是项目的实际进度，因为他们统计的是任务点数，而不是故事数量。

任务点数代表的是任务，完成的故事数量才代表实际进度。所以我一直强调统计故事数量，而不是任务点数（见 10.4 节）。

不要把任务与进度混为一谈。只有统计完成的故事数量，你才知道自己实际完成了多少工作。

如果你发现图 12-5 所示的情况（曲棍球杆形曲线），一定要在迭代回顾时请大家找出原因。为什么进度会落后？常见的原因如下：

• 大家各自为政，各干各的，缺少合作。

• 团队成员被项目以外的工作耽误了。

• 故事比预计的复杂。

• 没有人愿意帮别人检查代码。

你可能还会发现其他原因。不管是什么原因，发现进度落后就应该设法解决。

图 12-7 在图 12-5 的基础上增加了对完成故事数量的统计。我们不难看出，完成任务点数与完成故事数之间存在较大差异。

同样，图 12-8 在图 12-6 的基础上增加了对完成故事数量的统计。对于开发进度稳定的团队来说，完成任务点数与完成故事数量的差异较小。

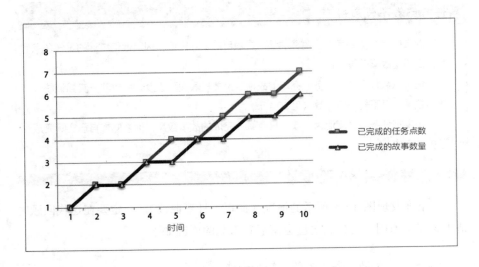

图 12-8　增加对完成故事数量的统计 B

完成的任务点数代表能力

完成的任务点数代表的是团队的工作能力，可以用来近似地估算工期。

我建议团队精简故事，尽量让每个故事可以在一个团队工作日内完成。如果你的故事无法精简到这种程度，用任务点数来估算项目进度就很难做到准确。

12.4　用迭代内容图记录团队的工作

Iteration Contents Show What the Team Completed

迭代内容图显示了团队在一轮迭代中完成的工作内容。这些工作内容通常包括：已完成的功能、修复的缺陷、完成的修改等。

图 12-9 是某团队在一次迭代中完成的内容。

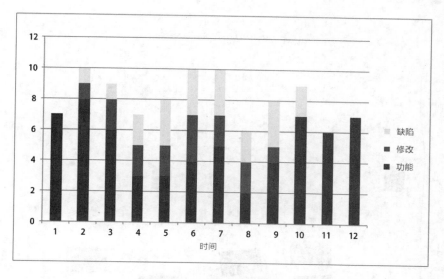

图 12-9 迭代内容图示例

注意在中间部分，该团队完成的功能数量有逐渐减少的趋势，同时缺陷开始增加，这是因为修改的工作增加了。随后团队设法提高了代码质量，迭代结束之前没有再发现缺陷。

有些团队总希望往一次迭代中塞进尽可能多的工作，这会导致以下问题：

• 工作量超出了团队的实际能力，出现赶进度的情况。

• 产品负责人用"大小"相同的故事替换另一个故事。

• 团队无法马上发现缺陷，因为大家都在赶进度。

• 就算发现了缺陷，也无法马上修复。通常这个问题会放到下一次迭代中解决。

迭代内容图可以帮助你发现团队是否存在这些问题。

在实际工作中，我习惯用手绘图和卡片记录每次迭代的内容（见图 12-10）。这张图显示团队每天至少完成了一个故事；本次迭代还修复了两个缺陷。

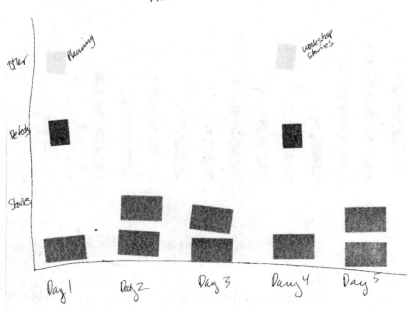

图 12-10　手绘的迭代内容图

如果在卡片上写上开始时间和结束时间，那么就很容易计算每张卡片的工期和交付周期。

你应该一边开发一边画迭代内容图，同时将它贴在团队容易看到的地方（见 8.1 节）。

12.5　环节负荷图
Cumulative Flow Shows Where the Work Is

环节负荷图可以清晰展示每个环节的工作量。图 12-11 是某团队经过三次迭代后的环节负荷图。该团队的开发进展缓慢，这张图可以解释原因。

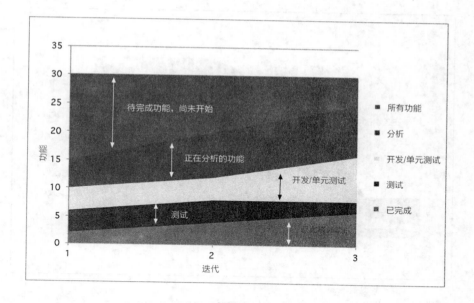

图 12-11　前三次迭代的环节负荷图

产品负责人独自定义故事。他预计团队需要 30 个故事来完成这个项目。团队并不完全理解产品负责人的想法，所以正在分析的功能数量较多。

产品负责人每周至少会和团队开三小时的会议。团队提出的问题越多，就需要引入越多的故事来解决。所以在前三次迭代中正在分析的功能数量一直在上升。

前三次迭代中，团队掉进了"各自为政"的陷阱，大家缺少合作。测试人员不停地向开发人员和产品负责人提出问题，每个人都很忙。看到这张环节负荷图后，团队决定在回顾时解决这个问题。

图 12-12 增加了三次迭代之后的情况。团队发现产品负责人定义的是功能集，而不是故事，而且团队无法在一次迭代中完成每个功能集。总的功能数一直在增加，产品负责人最后一共定义了 130 项功能。

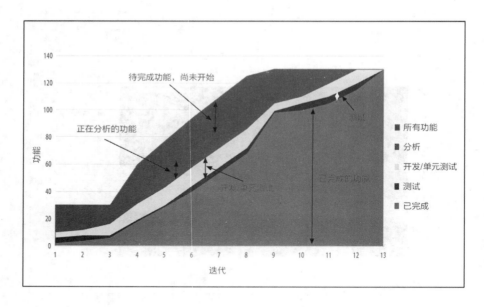

图 12-12　完整的环节负荷图

团队又花了一段时间理解产品负责人的想法。到第 7 次迭代时，双方才磨合得比较好。

到第 10 次迭代时，待完成的功能才开始逐渐减少。

但是测试人员的进度仍然落后。在最后三次迭代中，开发人员开始帮助测试人员完成自动化测试。因为发现了新的缺陷，所以开发人员不得不一边修复缺陷，一边帮忙完成测试。

项目完成后，团队决定今后继续用环节负荷图来记录项目的进展情况。大家还决定尝试 WIP 限制。环节负荷图帮助大家看清哪个环节拖了项目后腿。

注意，在固定周期的敏捷方法里，我们希望看到每次迭代后负荷（至少在开发环节和测试环节）清零。这代表团队完成了承诺的任务。

而在基于工作流的敏捷方法中，"准备"队列中的故事数量可能始终是恒定的。这个数量大致等于 WIP 上限。尽管如此，我还是建议团队将开发和测试中的 WIP 维持在一个较低的水平。

12.6 记录工期
Cycle Time Shows How Long Work Takes

你可能想知道自己估算的工期是否准确，或者想知道为什么有些故事要花很长时间才能完成。记录工期可以回答这些问题。通常有两种方式测量任务时间：工期和交付周期。

工期：一个故事从开发到完成花费的时间，它代表团队处理这个故事的时间。

交付周期：从故事卡片进入待办事项列表到该功能发布给客户的时间。交付周期是从团队接到任务到最终交付给客户的这段时间。交付周期通常要大工期。

图 12-13 显示了工期与交付周期的区别。

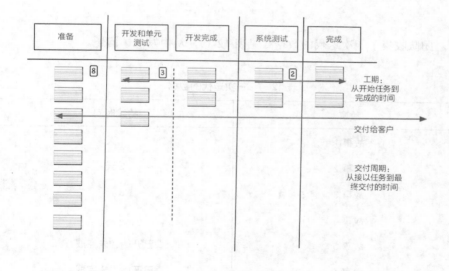

图 12-13 工期与交付周期的区别

记录工期很容易，团队只需要在卡片上写下从一栏移动到下一栏的日期和时间（见图 12-14）。然后，将 T0、T1、T2、T3 的时间相加，就能得到该故事的工期。

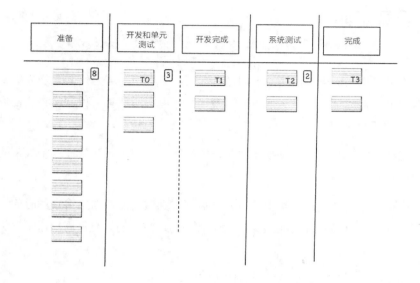

图 12-14　计算工期

团队收集了一次迭代的数据（见表 12-1），从中发现了问题。

表 12-1　一次迭代的数据

故事	持续时间
故事 1	1 天
故事 2	2 天
故事 3	3 天
故事 4	3 天
故事 5	已开始，未完成
故事 6	已开始，未完成
故事 7	未开始，未完成
故事 8	未开始，未完成

团队本来认为可以在这次迭代中完成所有 8 个故事，而且每个故事都只需

要一天时间。大家发现故事 2、3、4 花费的时间比预期的要长得多。为什么这些故事花了一天以上的时间？为什么故事 5、6 开始了却没能完成？

团队发现展示板没有记录检查 UX 和相应的修复环节。记录工期让大家认识到了这一点。修改后的展示板如图 12-15 所示。

团队估算的工期没问题，这些故事在团队内部的工期都不到一天。问题在于，检查 UX 需要由外部团队来完成。记录工期让团队发现了流程中的瓶颈。工期还可以帮助产品负责人了解故事是否太大。

有些人觉得环节负荷图也可以大致反映工期。但我觉得它不够直观，我还是习惯用卡片记录工期。

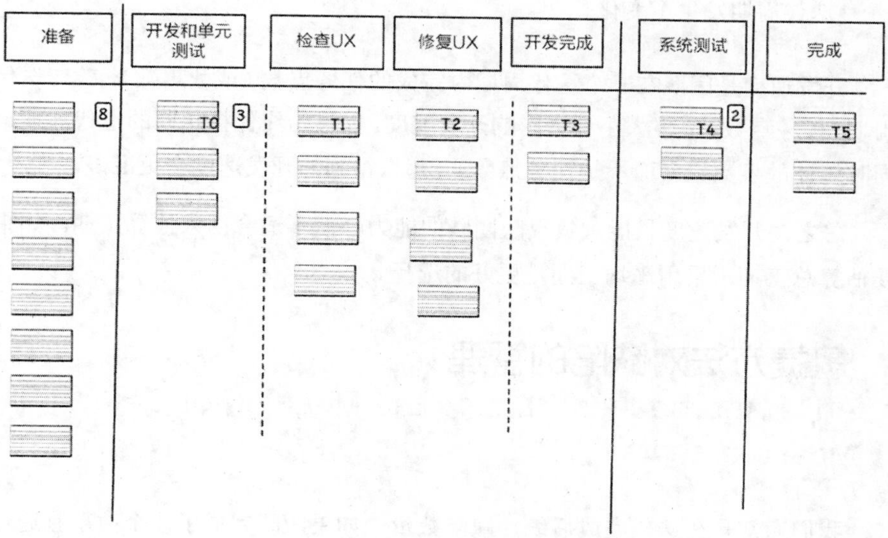

图 12-15 修复后的展示板

用平均工期估算工期

许多人用开发速度来估算工期，其实用平均工期估算更准确。

平均工期反映了项目故事的大致大小。平均工期虽然也会波动（比如有人休假），但是只要持续记录，它就能成为估算工期的可靠依据。

12.7　开发速度反映能力
Velocity Is a Capacity Measurement

开发速度是指团队在单位时间内完成的任务点数或故事数量，它可以反映团队的能力，前提是团队达到了稳定的开发节奏。

我们通常认为团队要经过六七次迭代磨合才能达到稳定的开发速度，而且开发速度常常因为以下原因出现变化：

• 新项目是团队没有接触过的领域。

• 项目的故事体积差异过大。

• 迭代周期发生了变化。

开发速度是团队在一个迭代周期内完成的任务点数（或故事数），改变迭代周期、任务点数、故事大小都会影响开发速度。如果始终保持相同的迭代周期，同时统计故事数量（而不是任务点数），那么得到的开发速度会更准确。

总之，开发速度只能大致反映团队的能力，而不适合用来估算工期。如果要估算总工期，采用平均工期是更好的选择。

12.8　敏捷方法对缺陷的管理
Agile Approaches Change the Meaning of Defect Measurements

我们通常是在迭代完成后统计缺陷数量。如果团队完成了一个故事且通过了验收，那么这个故事就不存在缺陷（在开发过程中发现的缺陷属于 WIP）。

这就是说敏捷项目统计到的缺陷数应该比传统项目要少得多。但是，产品负责人和团队仍然可能会犯错，比如对用户的使用环境存在误解，从而引发产品缺陷。这属于设计缺陷。

本节介绍几种管理缺陷的办法：记录遗漏的缺陷、记录修复缺陷的时间、用图表统计缺陷、统计缺陷返修率。

12.8.1　记录缺陷
Measure Defect Escapes

有时团队无法完全理解故事，有时产品负责人没有解释清楚验收标准，有时故事的定义不准确，这些情况都可能造成意料之外的缺陷。

记录这些缺陷可以有效帮助团队避免再犯同样的错误。

我希望缺陷的数量是零。但是，刚开始运用敏捷方法的团队难免会遇到如下陷阱，从而引发缺陷：

- 测试比开发滞后太多（见 2.8.3 节）。

- 团队没有产品负责人（见 4.6.2 节）。

- 瀑布式迭代（见 8.7.4 节）。

如果你发现了遗漏的缺陷，一定要记录下来，请大家在迭代回顾时分析原因。

12.8.2　记录修复缺陷的时间
Measure Your Cost to Fix a Defect

针对修复缺陷的成本，有一种说法是这样的：在需求阶段修复的成本是 1，在分析阶段修复的成本是 10，在编码阶段修复的成本是 100，在测试阶段修复的成本是 1000，如果等到发布后再修复，那成本将高达 10000。

尽管这是夸张的说法，但形象地说明了越往后修复缺陷的成本越高。如果产品的缺陷太多，修复的总成本是惊人的，甚至会导致产品无法发布。

越追求技术卓越的团队，出现缺陷的概率就越小。如果你的团队经常发现缺陷，请记录用于修复缺陷的时间。有了具体数据，团队才有动力考虑如何解决。

12.8.3　用图表统计缺陷
Measure the Defect Cumulative Flow

接手遗留产品的团队很可能会发现许多缺陷，以至于团队不堪重负。这时，借助图表统计缺陷更直观。图 12-16 是某团队统计缺陷的折线图。

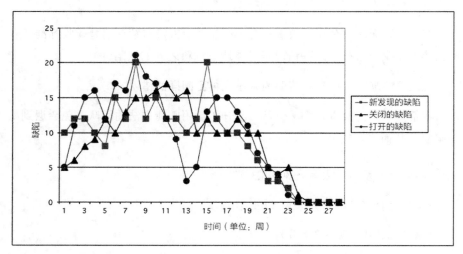

图 12-16 统计缺陷的折线图

该团队不断发现新的缺陷，这是因为团队在逐一检查产品功能，并且增加了自动化测试的内容。

几个星期内，团队就发现了几十个缺陷。这是因为一个缺陷往往会牵扯出其他缺陷。在修复一个缺陷的过程中，大家又发现该缺陷掩盖了更多问题。

随着修复工作的进行，代码库逐渐稳定，新发现的缺陷数量最终降到了零。

该团队用图表记录缺陷，清楚地向管理层展示了团队的修复过程和工作成果。

12.8.4 统计缺陷返修率

Measure the Fault Feedback Ratio

有时，团队以为修复了某个缺陷后，可过了一段时间，这个缺陷又在其他地方出现了。大家认为解决了问题，实际上并没有真正解决。

这种"复发"缺陷的数量与总修复缺陷数量比值，称为缺陷返修率。

如果缺陷返修率超过 10%，那说明开发人员很可能在发现和解决问题上没有取得实质的进展。

遇到这种情况，可以考虑采取以下对策：

- 在迭代回顾时讨论缺陷及其原因，是什么造成了缺陷？
- 考虑团队的验收标准是否不够完善，应该如何改进（见第 11 章）。
- 采取结对或围攻的形式发现和修复缺陷。

经验告诉我，验收标准越完善的团队，缺陷返修率越低。采用结对或围攻的开发形式也有助于降低缺陷返修率。

2.9 识别测算陷阱
Recognize Team-Measurement Traps

团队在测算进度时，常常会遇到以下两类陷阱：

- 统计任务点数，而不是故事数。
- 团队成员不能自己更新进度。

2.9.1 陷阱：统计任务点数，而不是故事数量
Trap: People Want to Measure Points Instead of Features

有些团队在测算进度时统计的不是故事数量，而不是任务点数。对此，我的建议以下：

- 建议团队同时统计故事数量和任务点数，这样大家就会意识到点数不代表故事数量。
- 要求团队与产品负责人一起定义故事，确保所有故事都能在一天内完成。
- 采用基于工作流的敏捷方法，计算故事的平均工期。

我经常提醒同事，客户需要的是功能，而不是任务点数。如果大家能理解

这一点，就能有效提高团队的交付频率。

12.9.2　陷阱：团队成员不能自己更新进度
Trap: The Team Waits to Measure

我知道有一个团队采用展示板记录团队的工作进展，但是规定只有产品负责人有权移动展示板上的卡片。产品负责人询问大家每次迭代完成了哪些工作，然后更新展示板。也就是说，团队成员不能自己实时更新进度。

不能实时更新进度，大家就无法了解其他人的工作进展，也看不到团队创造了哪些价值。这种做法大大降低了展示板应有的作用。

展示板是辅助团队工作的工具，团队应该有权按照自己的需求选择和使用展示板，并且实时更新进度。

让团队实时更新进度，大家才有动力精简故事，从而创造更多的价值。

12.10　思考与练习
Now Try This

1. 设法测算和降低故事的工期。

2. 限制 WIP 数量，以便团队发现流程的瓶颈。

3. 思考如何向管理层报告进度、采用什么样的方式报告。

第 13 章

提高会议效率
Help Your Meetings Provide Value

你喜欢开会吗？有太多的会议既没有做出决策，也没有制定行动目标，冗长得让人无法忍受。召开会议的人应该思考：团队如何才能共同完成工作？

敏捷团队通常有以下几类会议：

- 与工作流程有关的会议，如回顾迭代的会议、开展演示的会议、制订计划的会议。

- 讨论如何解决问题和风险的会议。

- 以学习为目的的会议，让团队成员共同学习或相互学习。

本章讲解如何充分利用会议时间，提高会议效率。让我们从最重要的回顾会议开始。

13.1 回顾是为了改进
Retrospectives Provide Valuable Data

敏捷团队应该经常回顾工作，既检查工作结果，也检查工作方式。回顾工作结果和工作方式，可以帮助团队改进今后的工作。

许多敏捷团队把回顾变成了一种形式，甚至干脆不做回顾，从而丧失了改进工作的机会。敏捷团队应该多久回顾一次？有以下几种选择：

- 每一周或每两周回顾一次（无论是否采用迭代开发方式）。

- 每次向客户发布产品后做回顾（采用持续交付的团队除外）。

- 在项目开始前思考："这一次希望做出哪些改进？"

- 在项目结束时作回顾。

不要等到项目结束才作回顾。敏捷团队应该定期做演示和回顾,否则它就不能称为敏捷团队。

你可能听说过一句老话："做计划，然后按计划做"。这实际上是一种通过回顾计划来学习的方式（见图 13-1）。

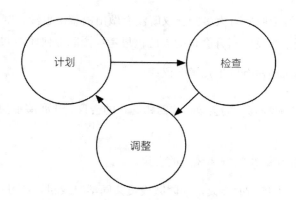

图 13-1　通过回顾计划来学习

这种方式可以让团队快速创造价值，同时一边工作，一边调整和改进工作方式。

然而，这种方式只适合比较简单的项目或者团队熟悉的项目。遇到没有接触过的复杂项目，仅仅检查计划执行情况也许还不够，我们还可以借助试验进行学习（见图 13-2）。在项目开始之前，先做一些试验，收集数据，这有利于我们进一步理解项目。

试验的结果为我们接下来的工作指出了方向。如果团队能做到尽早学习，就能通过各种试验来获取必要的项目信息（见 3.73 节）。频繁做试验和回顾的团队，学习能力更强。

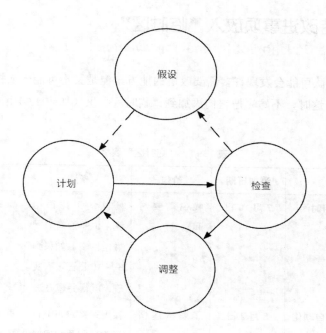

图 13-2   通过计划和假设学习

精益思想提倡持续改进[2]。这种持续改进分为两个层次，一个是针对系统层面的改进，一个是针对具体流程的改进。

我认为这两种改进可以综合起来考虑。团队的价值流在哪里？大家的工作方式能否提高产品的价值？哪些地方还可以进一步改进？如果你对这方面的内容感兴趣，可以读一读《Agile Retrospectives》[DS06]和《Getting Value out of Agile Retrospectives》[GL15]。

做完回顾后，最好列出待改进事项的清单。团队可能会发现许多希望改进的地方，但是每次迭代的改进事项不应该超过三项。毕竟你不可能在两周内解

---

[2] https://www.lean.org/lexicon/kaizen

决多年累积的问题。

改进也应该采用敏捷的方式，对待改进事项进行优先级排序，放入待办事项列表，并且控制数量。这样做，团队更容易看到改进的效果。

13.1.1 将待改进事项放入"临时区"
Use a Parking Lot for the Improvement List

有些团队可能会发现许多需要改进的地方，但是又不可能一次把所有地方都改过来。这时，不妨先把它们添加到"临时区"里（如表 13-1 所示）。

表 13-1 "临时区"表格

设想	添加日期	价值	备注	进度
增加团队学习时间	2 月 10 日	我们需要时间学习	团队的工作很饱满，似乎没有时间做这件事。如果到 8 月 10 日还没有实现，就得另想办法	尚未开展
针对 API 的自动化冒烟测试	5 月 2 日	了解构建情况	实现完整的 API 冒烟测试需要几周时间。也许可以考虑分块做	每两周完成 10%
针对 API 的完整自动化系统测试。	5 月 2 日	支持频繁的变更	从引擎开始，尽快添加电子邮件、管理员	每两周完成 10%
围攻	6 月 15 日	提高解决问题的效率	先做准备	尚未开展
跟踪记录工期	5 月 15 日	精简故事	大家已取得共识	已更换适合记录工期的展示板

这里的"临时区"采用的是表格的形式，但是实际操作中最好采用表格加

卡片的方式。另外，你不一定需要"进度"栏。

接下来做工作计划时，可以从"临时区"里取出两三个项目，把它们变成故事的形式，然后加以改进。变成故事的形式有一个好处：故事都需要验收标准。采取行动之前，团队还可以先做一点试验（见 7.3.1 节），也许能进一步摸清问题的原因。

13.2 检查展示板上的进度
Walk the Board

敏捷团队不可能每天都做迭代回顾，但是他们又需要通过某种途径了解其他人的工作进展（比如有没有工作卡住了）。这时，展示板就能发挥作用了。

过去，开发团队经常需要开通气会，宣布大家的工作进度。敏捷方法不需要再开这种浪费时间的通气会了。大家只需要检查展示板，就能了解每个人在做什么，以及是否遇到了困难。

许多团队利用每日站会的机会一起回顾展示板。注意，带领大家一起回顾展示板的人不一定是项目经理或产品负责人。定期回顾展示板上的进度是整个团队的责任。如果你的团队需要每天回顾展示板，可以让团队成员轮流带领大家做这件事。

团队一起回顾展示板

作者：javier，测试人员

我们刚开始采用敏捷方法时用了两个展示板，一个开发用、一个测试用。第一次迭代完成后，我们决定把两个板合并成看板。

团队第一次回顾新展示板就意识到需要增加缓冲栏。因为测试人员的工作速度跟不上开发人员。另外，我们还发现需要增加一个 UI 栏，因为团队中还没有 UI 设计师。我们决定计算延迟情况，以便提出增加 UI 设计师的申请。

采用展示板后，我们再没有开过通气会，大家也不再相互埋怨。展示板让工作变得更透明了。

展示板是团队的工具，它反映了团队的工作状态。敏捷团队应该自己管理展示板，团队以外的人（包括管理层）无权决定如何使用展示板。如果团队以外的人插手干预，那就会降低团队自己的责任感。

无论你采用哪种敏捷方法（固定迭代周期或基于工作流），都请从"完成"栏之前的那一栏开始回顾，并且思考："我们该怎么做才能把它们变成完成状态？"这是一种基于拉动的工作方式——把更多的工作拉到完成状态。拉动的工作方式加上 WIP 数量限制，可以有效地鼓励团队进行合作。

固定迭代周期的敏捷方法常常陷入"单打独斗"（见 8.7.2 节）和"各自为政"的陷阱（见 10.11.1 节）。拉动的工作方式可以有效地解决这些麻烦，因为它把问题从"我们能同时做多少工作"变成了"我们能完成多少工作"。

13.3 借助站会明确任务、促进协作
Standups Create Recommitment and Collaboration

如果你的团队没有采用攻关或围攻的开发方式，那就有必要开站会。站会可以检查团队工作的进展和状态。站会并不解决问题，它只暴露问题。站会可以再次明确大家的工作任务，同时发现团队面临的问题。

记住，站会是为团队服务的。站会可以帮助团队了解上一次站会以来完成了哪些任务、正在进行工作的状态，以及是否存在障碍。

如果团队在每个故事上都采用攻关或围攻的开发方式，并且实现了充分沟通和交流，那么就不需要开站会了。

我们从不开站会

作者：Jane，产品负责人

我们刚开始采用迭代开发时，总是遇到许多意外情况，以至于无法做出有效的预测和计划。为了解决这个问题，我们开始做 spike，限制 WIP 数量，采用结对、攻关、围攻的开发方式完成复杂的故事。

测试人员 Danny 承担了较大的压力，因为他手上的工作总是越积越多。这时我们要么停止添加新故事，要么帮 Danny 完成测试任务。

因为采用了攻关和围攻的开发方式，所以我们从来没有开过站会，也很少

回顾展示板。只有遇到故事工期过长或者紧急任务时，我们才会回顾展示板。

要充分发挥站会的作用，必须考虑开会的时间和形式。

13.3.1　每天在同一时间开站会
Schedule Standups at a Consistent Time Every Day

站会的时间应该安排在每天的同一个时间段，同时确保团队的每个人，包括产品负责人都参加。我建议安排在午饭前。这时，大家一般都到岗了，并且肚子都饿了，谁也不愿意开会时间超过预定的 15 分钟。

我不喜欢把站会安排在每天早上，因为有些同事会迟到。我也不推荐午餐后，午餐后开会总是从"发现问题"变成了"讨论如何解决问题"。

把站会安排在下班前也有问题，因为大家有不同的时间安排，比如有些人要去接孩子。

13.3.2　如何开站会
How to Conduct a Standup

站会通常在展示板旁边召开，时间不超过 15 分钟，团队成员逐一回答以下问题：

• 上次站会以来，我完成了什么工作（如果是多人合作，可以回答我们完成了什么工作）？

• 我现在在做什么？

• 我遇到了什么障碍？

• 我们该怎么做，才能将故事变成完成状态？

站会是由团队自发组织的，可以让大家轮流主持会议。记住，站会不是为了向上级汇报进度，而是为了帮助大家完成工作。

> **\\// Joe 提问：**
> **站会需要站着开吗？**
>
> 　　经常有人问我："站会必须站着开吗？"如果你的身体状况不佳,那就不用站起来。
> 　　站着开会是为了提高会议效率。我们发现大家站着时，更容易就事论事，而当人们坐下来时，往往说不到点子上，会议会越开越长。
> 　　如果你的团队决定坐着开会,可以设好闹钟,时间是 15 分钟。如果有人开会跑题,大家应该提醒他，这也是团队相互学习的一部分。

　　站会应该把重点放在工作上，而不是某个人身上。然而，许多团队往往关注的是人，而不是工作。

　　有些项目经理会问团队成员："你为什么还没有完成工作？"让我们假设经理这么问是有积极意图的，比如他想知道工作进展，或者担心进度落后，等等。

　　但是团队成员完不成工作也许是有客观原因的，比如工作比想象的复杂，或者任务量比预计的大，等等。

　　管理者不应该先入为主地认为团队成员不希望把工作做好。站会的目的是帮助大家发现问题、提供帮助，而不是追究责任。

13.3.3　注意事项
Watch for Standup Antipatterns

　　站会可以帮助团队检查进度、发现问题。但是在运用中应该注意避免以下问题：

- 指责某些人没有完成工作。

- 允许 A 接手 B 正在做的工作。

- 站会时间超过 15 分钟。

- 把站会变成单纯的汇报进度的会议。

Jason Yip 写过一篇很好的文章，讨论开站会时容易发生的问题。[3]

> **Joe 提问：**
> **团队需要单独的房间吗？**
>
> 如果条件允许，每个敏捷团队都应该有自己的房间，有一面足够大的墙挂展示板，而且有足够的空间让整个团队一起围攻问题。此外，每个人都应该有一个私人办公室，这样团队成员可以在需要的时候单独思考或与人结对。
>
> 但是条件往往不允许。
>
> 在条件有限的情况下，我认为团队至少需要一面足够大的墙，以便用展示板跟踪记录工作进度。如果有团队成员在异地工作，还需要一个摄像头全天拍摄展示板，并且安排人帮异地成员移动展示板上的卡片。
>
> 团队应该有足够的空间开展工作，这是你作为团队领导者的责任。

13.4 不要在站会上解决问题
Solve Problems Outside of Standups

站会的目的是发现问题，而不是解决问题。在站会上发现的问题，应该另外找时间解决。

站会可以暴露问题，比如团队遇到了障碍，大家认为需要再花 15~30 分钟讨论解决方案，或者尝试做 spike；团队还可能发现 WIP 数量过多；有些人遇到了困难，不知道该怎么办。这些问题应该在站会结束后再解决。

团队需要解决问题，但这不是站会的内容。不是所有人都需要参加解决问题的会议。例如，如果问题是团队唯一的测试人员被迫要求同时参加另一个项目，那么团队的其他成员就不需要参加解决这个问题的会议。作为领导者，你需要与测试人员一起收集数据，然后找相关领导解决问题。

对发现的问题进行分类。有些问题需要开正式的会议解决，而有些问题可以用不那么正式的 Lean Coffee 会议解决。

---

[3] https://www.martinfowler.com/articles/itsNotJustStandingUp.html

13.4.1　Lean Coffee 会议
Lean Coffee Can Help Frame Problem Discussions

Lean Coffee 会议是解决问题的会议。参加 Lean Coffee 会议[4]的与会者将针对写在卡片上的问题开展头脑风暴。大家先针对问题的重要性进行投票。

与会者选出优先级最高的问题，在规定的时间内讨论解决办法。时间限制通常为 8 分钟，甚至更短。这样做的理由是，大家的注意力在 8 分钟以内最集中，一旦超过 8 分钟，讨论质量就会下降。

到时间后，大家用拇指投票是"继续讨论"（大拇指朝上），"忽略这个问题"（大拇指朝左或右），还是"讨论下一个问题"（大拇指朝下）。团队可以进一步缩短时间限制（如果原来是 8 分钟，可以缩短为 4 分钟）。你会发现，限制时间可以极大地提高讨论的效率。

会议结束前，可以再用 5~10 分钟汇总会议决策，或者制作看板来跟踪记录下一步的行动。

刚开始运用 Lean Coffee 会议的团队，最好采用闹钟定时。

13.4.2　更正式的问题解决会议
Problem-Solving Meetings Focus People on the Problem

如果团队需要召开更正式的问题解决会议，可以参考这套议程。

1. 提前将会议地点发送给参会者，以便大家有时间做准备。

2. 确定参会者到齐了。

3. 列出一周内发现的问题：

　　•就每个问题开展讨论（可以限制时间）。如果团队无法解决问题，可以考虑向管理层汇报。

　　•如果团队无法解决问题，请将问题填加到看板里，并写上希望解决的时间。不要把问题隐藏起来，问题也属于 WIP。

---

[4] http://leancoffee.org

4. 回顾看板上最突出的问题。

5.结束会议。

当然，团队还可以选择其他解决问题的方式。自主决定工作方式的团队更团结，也更容易解决问题、创造价值。

如果你的团队遇到了难以解决的问题，不妨读一读《The Facilitator's Guide to Participatory Decision-Making》[kltf96]。

13.5　通过演示展示进度和价值
Demonstrations Show Progress and Value

故事越精简，团队就容易通过演示展示价值。有时，团队会演示功能给产品负责人看，由产品负责人决定接受，还是拒绝开发结果。产品负责人或许会发现其他故事也需要调整。如果故事足够小，团队就可以每天演示好几次。

有时，团队还需要演示产品给管理层和客户看。在这种情况下，观看演示的人更注重产品的整体情况。产品负责人希望看到的是每个故事的完成情况，而管理层和客户希望看到的是整个产品的效果。

演示之前，应该弄清演示的对象，这样才能有针对性地做好准备。如果团队每个月要给客户演示一次，那么就很有必要挑选合适的演示人选，并且提前编写演示脚本。

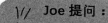 **Joe 提问：**
演示品与可发布的产品有什么区别？

演示品的用途是向感兴趣的人展示效果，它往往是无法对外发布的。
演示品不会实现所有的产品功能。通常创建演示品的工作也属于 WIP。

13.6 规划待办事项
Plan the Backlog

团队需要规划待办事项，以便确定在接下来的一段时间里应该做什么。待办事项应该按优先级排序后放到展示板的"准备"栏里。在固定迭代周期的敏捷方法里，这段时间就是迭代周期。在基于工作流的敏捷方法里，待办事项的数量不应该超过 WIP 限制。

有些产品负责人认为他有能力独立规划待办事项，而无需团队的参与。但是，我认为让团队参与规划待办事项更合适。

规划待办事项会议的大致流程如下。

1. 定义故事：产品负责人带头定义故事，最好写在卡片上，以便团队可以看到。

2. 收集信息：了解团队成员最新的想法和最近遇到的问题。同时参考"临时区"（见表 13-1），看看可以着手进行哪些改进，准备好卡片以供讨论。

3. 解释每个故事：产品负责人拿着卡片做解释，看看大家是否有疑问。必要时可以讨论验收标准以及相关的故事。

4. 估算工期：解释完所有故事，团队一起估算每个故事的工期。

5. 对故事排序：产品负责人对故事卡片进行排序（见第 7 章）。

6. 创建待办事项列表：将排序后的卡片放到"准备"栏里。

这个议程可以根据实际情况做出调整。以估算工期为例，如果团队使用计划扑克（见 10.3 节），可能会发现某个故事实际上是一个功能集。团队可以进一步拆分故事，然后再做估算。

团队成员可以对故事的排序提出建议。如果团队认为某个故事会为另一个故事提供便利，可以告诉产品负责人。有时，这种建议会促使产品负责人重新考虑，甚至选择不同的故事。产品负责人做决定，但是团队可以提建议。

13.7 优化故事
Create or Refine the Stories

固定迭代周期的敏捷方法通常在下一次迭代开始前对故事进行优化。有时，团队还会为此召开专门的会议。基于工作流的敏捷方法则可以随时优化故事。

优化故事通常有以下几种原因：团队对故事的理解加深了；产品负责人从客户那里获得了反馈信息；产品负责人收集到了新的市场动向。

因为团队定期完成故事，所以产品负责人需要不断地优化故事。

优化故事通常采用 Three Amigos 会议[5]的形式。该会议由一位开发人员、一位测试人员、一位产品负责人参加，每个人从不同的角度提出看法：

- 开发人员考虑如何完成故事。

- 测试人员考虑哪里容易出错。

- 产品负责人考虑客户希望用故事完成什么任务。

这种讨论方式的好处是，三个人就具体的故事开展讨论，可以澄清问题，增进大家对故事的理解。如果能提出具体的验收标准，就能大大降低其他团队成员理解故事的难度。

13.8 优化团队会议
Organize the Team's Meetings

许多会议都存在浪费时间的问题。注意，本章的会议都不是通气会，它们应该为团队提供价值。以下是节省会议时间的几条建议：

- 采用迭代的团队可以每天开站会。我习惯在午餐前开站会。如果团队采用攻关或围攻的开发方式，那么连站会都不用开了。

- 每两周开一次规划待办事项的会议，限时一个小时。如果团队无法按时开完会议，那很可能是因为团队没有与产品负责人一起定义故事，或者待办事项

---

[5] https://www.agileconnection.com/article/three-amigos-strategy-developing-user-stories

数量过多。

• 任何优化故事的会议时间都不能超过一个小时。

我建议固定迭代周期的敏捷方法采用以下流程。

1. 在第一个星期三的午饭后开始迭代。

2. 午饭后立即召开一个小时的计划会议。开始本次迭代。

3. 每天午饭前召开站会。

4. 在第二个星期三上午召开一个小时的故事优化会议。

5. 在第三个星期三（本次迭代的最后一天）上午 9 点演示开发效果。

6. 上午 10 点开始回顾迭代。吃午饭。

7. 午饭后开始下一轮迭代。

我喜欢在一周的中间（周三）开始和结束迭代。这样大家就不会为了赶周一的任务在周末加班。加班的团队很难估算实际的工期和开发速度。

我建议基于工作流的敏捷方法采用以下流程。

1. 如果团队没有采用围攻或攻关的开发方式，那么应该在每天午餐前让大家回顾一下展示板上的进度。

2. 定期优化故事。

3. 定期开展回顾。

4. 将演示作为团队约定的一部分。例如，团队可以在每个故事完成时进行内部演示，或者定期给客户做演示。

限制所有计划会议和优化会议的时间。如果遇到复杂的问题，或者不知道如何估算工期，那就做 spike。

开会是为了提高团队工作效率，而不是为了某些人的个人的利益。如果你的会议变得越来越长，一定要限制会议时间。

13.9 评估会议质量
Measure the Value from Meetings

管理层和团队可能会担心会议过多，毕竟有些人没有接触过敏捷这种协作的开发方式。评估会议的质量可以改变大家的看法。我习惯用时间回报率（ROTI）来衡量会议的质量（参考《Behind Closed Doors》[rd05]）。

衡量会议 ROTI 的具体办法是请参加会议的人对会议质量打分，ROTI 的评分规则如下。

0 分：投入时间，但没有收到任何效果。

1 分：比 0 分稍好一点。有一点效果，但与投入的时间不相称。

2 分：会议效果与时间成本相匹配。

3 分：会议效果略高于时间成本。

4 分：会议效果远高于投入的时间成本。

你可以制作一张评分表（见图 13-3），挂在白板上，会议结束后，请大家在评分表上投票。

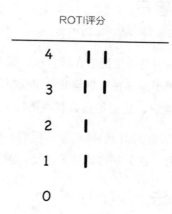

图 13-3 ROTI 评分表

打分后，你还可以进一步询问大家的意见。

- 询问打 2 分或 2 分以上的人具体有哪些收获。

- 询问打 1 分或 0 分的人希望有什么样的收获。

- 询问大家下一次如何改进会议。

如果大部分与会者打 2 分，那说明会议是有价值的。

如果大部分与会者打分低于 2，那就要找出原因。与会者与会议目标相匹配吗？会议的组织方式是否有问题？为什么没有达到大家期望的效果？

敏捷方法确实要开不少会议，所以一定要确保这些会议开得有价值。

13.10　创造学习机会
Create Learning Opportunities

我已经介绍了与工作流程有关的会议，但是你的团队也许还需要借助其他形式开展学习，比如了解领域知识、改善工作方法、学习同事的工作经验等。

13.10.1　了解公司和客户
Learn About the Organization and Customers

在小公司里，大家很清楚每位同事在做什么，以及客户面临的问题。等公司变大后，人们往往就弄不清谁在做销售和技术支持的工作。然而，这些同事很可能对客户有深刻的理解，他们的建议往往能极大降低开发团队的工作量。

我喜欢在午餐时间请这些部门的同事分享他们与客户的沟通情况。你可以定期（每两周一次或每月一次）举办这样的活动，鼓励大家分享和交流。

13.10.2　学习工作方法
Learn About Other Ways to Work

我发现不少团队几乎不知道如何运用敏捷方法，他们只是套用了几个名词和术语。

你当然可以靠自己摸索学习敏捷方法,但是更快的学习方式是开展读书会。你可以问问大家想学习什么内容,然后列一个清单,把相关主题的图书买回来。每周开一次读书会,学习一章的内容。按照这个节奏,团队每年可以一起学习三到四本书。

除了图书,还可以考虑购买其他形式的内容,比如播客。

13.10.3 向其他同事学习
Learn from Others Across the Organization in Communities of Practice

许多技术人员表达了这样的忧虑:"我现在是团队的一员,但是我不知道其他同事在做什么,也不知道他们是如何解决问题的。"

这个问题可以通过组织实践社区来解决。让架构师、产品负责人、开发人员、测试人员、敏捷教练共同组成实践社区,就具体问题为大家提供指导,帮助大家选择解决途径。实践社区还能及时发现问题,让大家了解其他同事是如何解决问题的。

13.11 识别会议陷阱
Recognize Meeting Traps

敏捷团队召开会议往往会遇到以几种陷阱:

- 站会变成汇报进度。

- 不停开会,无法交付。

- 在回顾会议上解决问题。

13.11.1 陷阱:站会变成汇报进度
Trap: Standups Become Serial Status Meetings

敏捷方法是一种强调团队协作的开发方法,它不需要团队成员像传统项目那样经常向项目经理汇报进展。然而,如果出现团队成员单打独斗(见 8.7.2

节）或各自为政（见 10.11.1 节）的情况，又或者故事太过复杂，那么每日站会变成汇报进度的例会。

如果你听到有人在会上问："这个故事你完成了多少？"那很可能是因为故事太大了，而且大家缺乏相互合作。

这时，你可以向大家说出你的顾虑，同时提出解决问题的建议。

尽量不要询问每个人手头的工作情况。团队可以形成团队约定，规定如果有人遇到困难，他应该在多久后向他人求助。

13.11.2　陷阱：不停开会，无法交付
Trap: The Team Meets Rather than Delivers

有些敏捷团队很难完成故事，这是因为他们的故事太大了，或者 WIP 数量太多，导致他们总是在开会。

解决这个问题的方法是要求产品负责人定义一个团队能一起完成的故事。故事越小越好。

采用 Three Amigos 会议（见 13.7 节）的形式分析故事、定义验收标准、估算工期；采用攻关或围攻的方式完成故事，使其满足验收标准。

完成这个故事后，要求团队用同样的方式再完成一个故事。

这样完成三个故事后，让团队做一次回顾，看看大家获得了哪些经验。

团队不停开会有可能是因为故事过于复杂或者故事定义不清导致的。对症下药才能解决问题。

13.11.3　陷阱：在回顾会议上解决问题
Trap: Insufficient Time in a Retrospective to Solve Problems

回顾过程中很容易发现问题。有些问题很容易解决，而有些问题比较复杂，无法在回顾会议上解决。对于这些复杂的问题，应该另找时间解决。

如果团队一时半会解决不了问题，不要拖延回顾会议的时间。你可以宣布另找时间解决，这样可以节省大家的时间，因为并不是所有人都需要参与解决

这个问题。

作为团队领导者，你的责任是帮助团队发现问题，然后找机会解决。

13.12 思考与练习
Now Try This

1. 定期开展回顾，让团队找出值得改进的地方，并在每次回顾后做一点改进。

2. 请团队自行决定如何与产品负责人合作，大家一起定义故事并规划待办事项。

3. 记录会议时间，评估会议质量。

第 14 章

报告项目进展情况

Report Your Project State

公司管理层总是希望知道项目什么时候可以完成、成本是多少、存在哪些风险等（见图 5-2）。本章讲解如何向管理层报告项目的进展情况。

敏捷团队通常可以采取以下几种方式对外展示项目的进展情况：

- 展示可运行的产品。

- 展示功能的完成情况。

- 展示团队的额外工作量。

- 展示已完成但尚未发布的功能。

- 展示反映项目进展的其他数据。

让我们从展示可运行的产品开始。

14.1 展示可运行的产品
Show Working Product

报告项目进度的最佳方式是展示可运行的产品。这是因为管理层和客户最关心的是产品的运行效果，而不是软件架构或 UI。客户购买的是产品的功能。展示可运行的产品最能让管理层和客户感到满意。

团队应该先搭建产品的基本框架（见6.4节），以便尽快做出可运行的产品，让管理层和客户了解项目进展，然后再考虑如何实现余下的功能。

我曾经建议敏捷团队应该以垂直切片的方式工作，每次集中力量切一块"蛋糕"出来。每一块"蛋糕"代表着一个小而完整的故事，这样的发布对客户来说才是有价值的（见 6.3 节）。

给客户展示产品时，还应该结合客户使用产品的具体环境，根据情景展示（参考 13.5 节的建议）。

14.2　显示功能的完成情况
Show Feature Progress

除了展示可运行的产品，还可以用图表展示功能的完成情况（见图 14-1）。

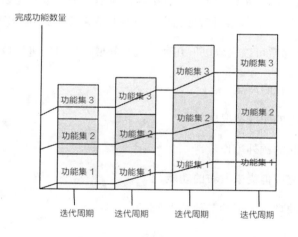

图 14-1　产品功能完成情况图 A

图 14-1 展示了某团队完成产品功能的情况。该团队的产品基本框架由 3 个功能集组成。每次迭代团队都取得了一定的进展。3 个功能集包含的功能数量都在增加，其中功能集 3 增加得最多，其增加速度甚至超过了团队的开发速度。这张图清楚地反映了增加功能对开发进展的影响。

除了图 14-1，还可以采用如图 14-2 所示的形式展示产品功能的完成情况。

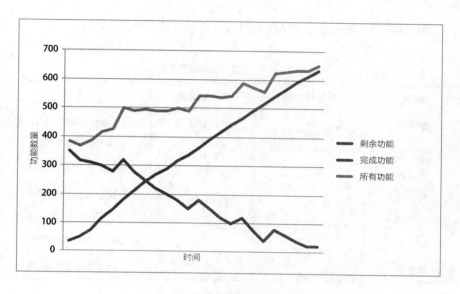

图 14-2　产品功能完成情况图 B

　　图 14-2 展示了三条曲线：所有功能数、完成功能数、剩余功能数。该团队保持了较稳定的开发速度。总功能数一直在增加，这很可能是因为客户要求添加新的功能。

　　一方面，客户和管理层希望知道项目什么时候可以完成；另一方面，他们又常常要求添加新的功能。产品功能完成情况图可以清楚地展示增加功能对项目进度的影响。如果客户希望增加功能，就不得不在项目期限上做出妥协。

　　除了统计功能数量，还可以进一步统计每个功能的工期，毕竟所有功能的工期都不同，也许相差还很大。我已经说过，对于过于复杂的功能，应该做进一步的拆解，以便团队能够在较短的时间内完成。

14.3　展示团队的额外工作量
Show Other Requests in to the Team

　　要回答项目什么时候完成，必须考虑团队的额外工作量。我说过，团队成员同时执行多项任务会降低团队的开发速度。管理层有时没有意识到他们在要求团队执行额外的任务，这时有必要向他们展示团队的额外工作量。

表 14-1 清楚地记录了团队接到的来自管理层的额外工作任务。

表 14-1 团队的额外工作量

时间	额外任务数	个人或团队	备注
第 1 天	2	个人和团队	Sandy 临时参与项目 B；整个团队做技术支持
第 2 天	1	个人	Sandy 临时参与项目 B
第 5 天	5	个人	所有团队成员都外调参与其他项目
第 6 天	2	个人	Sandy 继续参与项目 B
第 8 天	1	个人	Sandy 继续参与项目 B

如果管理层说："项目 B 比这个项目更有价值。"那么团队可以追问："那为什么还要做这个项目，何不干脆都去做项目 B？"

如果项目 B 真的更有价值，那么可以有这样两种选择：

• 将 Sandy 调到项目 B 工作一段时间。

• 整个团队都去参加项目 B，以便先完成重要的项目。

实际上，项目 B 并不一定更有价值。那往往只是管理层的托辞。有些管理者缺少同时管理多个项目的经验，他不清楚这样做的坏处——团队同时执行多个任务会引发更多的缺陷。

如果团队经常接到额外的任务，你就应该设法让管理层认识到这样做的坏处，比如向他们展示团队的额外工作量和产品功能完成情况图，并且重点指出团队的进度因额外任务受阻的情况。

14.4 展示已完成但尚未发布的功能
Show What's Done but Not Yet Released

有些团队完成了一些功能，但是出于某些原因却没有发布。展示板很适合用来管理这类完成却未发布的功能（见图 14-3）。

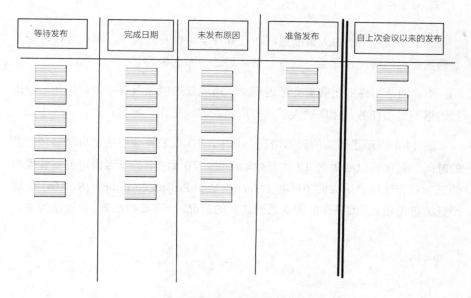

图 14-3　展示已完成但尚未发布的功能

图中的卡片数量清楚地向所有人（团队成员、产品负责人、管理层、客户）显示了有哪些完成却未发布的功能。图 14-3 中前 3 栏显示了这些功能的基本信息，第 4 栏"准备发布"显示即将发布的功能，最后一栏"自上次会议以来的发布"则显示了上次会议后的更新情况。

你也许好奇为什么"准备发布"栏只有两张卡片。这是因为团队不知道什么时候能够完成整个功能集。产品负责人设计的产品基本框架往往只能用于内部发布和展示，还不足以让客户使用。

当然，最理想的情况是团队可以随时发布已完成的功能。如果必须推迟发布功能，至少要用展示板把这个情况反映出来。完成却未发布的功能也能反映团队的进度。

14.5　展示项目的延迟情况

Visualize Your Project's Delays

如果团队有完整的人员配置，而且管理层可以及时决策，那么你很可能不会遇到延迟的情况。如果是这样，请跳过这一节的内容。

不幸的是，许多团队都有延迟现象。造成延迟的原因有很多，比如，管理层迟迟不启动任务、团队缺人手、有成员在异地工作，等等。

图 14-4 展示了团队的延迟情况。其中，T0 代表管理层决定启动某项任务的时间，但你可以要等到 T2 才开始动手做。T0 到 T1 的延迟很可能是管理者缺乏项目管理经验造成的（参考《Manage Your Project Portfolio》[Rot16a]）。这个延迟可能很长。如果你的团队遇到这样的情况，一定要指出来，并设法解决。

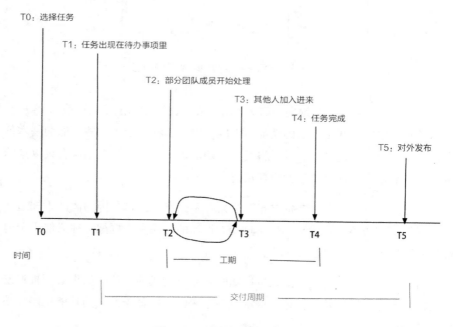

图 14-4　项目的延迟情况图

T2 代表团队开始处理该任务的时间。如果此前团队积压了大量的待办事项，很可能要等数周或数月才能开始处理该任务。T3 代表团队其他人员一起来处理该任务的时间点。如果团队有完整的人员配置,并且不必等待外部专家解决问题,那么 T2 到 T4 的时间就是正常的工期。如果某个环节出了问题(比如外部专家迟迟不来),那么这个工期就会出现延迟。

一旦工期出现延迟,你就应该采取对策。至少,你可以把这个问题用图表展示出来,报告给管理层。

从 T4 到 T5 的延迟通常是因为完成的功能暂时还无法对外发布,或者需要等待打包和封装才能发布。

延迟会降低公司的收入、客户的信任度、产品的体验。展示延迟情况,有助于对症下药解决问题。

14.6 计算延迟成本
Measure the Effects of Delays

这里介绍一种衡量延迟成本的方法:CD3。它是用延迟的成本除以持续时间(参见《The Principlesof Product Development Flow》[Rei09]和这篇文章[6])。

假设有三个功能,每个功能有不同的持续时间和价值,如表 14-2 所示。

表 14-2 三种功能的延迟成本

功能	估计持续时间	估计价值	CD3
功能 A	2 周	$5,000	$5,000/2 周=$2,500/周
功能 B	5 周	$10,000	$10,000/5 周=$2,000/周
功能 C	8 周	$100,000	$100,000/8 周=$12,500/周

功能 A 的估计持续时间很短,只有两周。尽管它的估计价值比功能 B 低,但是由于时间短,所以它具有较高的 CD3。现在看功能 C。完成功能 C 估计需要 8 周时间,但是功能 C 的价值要高得多。功能 C 的 CD3 是功能 A 的 5 倍。因此,功能 C 的延迟成本要远远高于功能 A。

---

[6] http://blackswanfarming.com/cost-of-delay-divided-by-duration

遇到以下三种情况时，我会向团队和管理层展示表 14-2 这样的内容：

•团队同时处理多个任务。如果这种情况是团队自己选择的，那么大家可以讨论这么做值不值得，更常见的情况是管理层给团队安排了额外的任务。在这种情况下，向管理层展示延迟成本可以让他们理解代价。

•团队需要等待外人的帮助才能完成任务。展示延迟成本表明了组建一支完整稳定团队的重要性。

•团队无法发布。团队可能完成了自己的工作，但需要等部署团队完成发布。现在是时候让管理层意识到问题的严重性了。

向管理层展示 CD3 可以帮助他们看清以往决策的效果。给功能的优先级排序时，CD3 也可以用作参考。我的经验是，项目越复杂，估计价值和成本的难度就越高。

14.7　识别报告项目进展的陷阱
Recognize Project–Measurement Traps

团队在报告项目进展时，常常会遇到以下几个陷阱：

•用开发速度代表项目进度。

•比较不同团队的开发速度。

•WIP 无处不在。

14.7.1　陷阱：用开发速度代表项目进度
Trap: Managers Review Team Measures Instead of Project Measures

许多团队喜欢统计开发速度。开发速度可以帮助团队了解自己的能力，但是不能反映项目的进展情况。能反映项目的进展情况的是已完成的功能数量（见 14.2 节）。

遇到复杂的功能（或功能集），项目进度往往会变得很不透明。这时，开发速度就更难反映项目进展了。

在向管理层报告项目进展时，应该避免使用开发速度，而应该展示功能的完成情况。如果管理层想知道某个重要的功能什么时候能完成，你可以向他们展示产品路线图和平均工期。告诉管理层该功能什么时候进入开发阶段，大约多久可以完成（根据平均工期估算）。

总之，应该向管理层展示团队的工作成果，而不是开发速度。

14.7.2　陷阱：比较不同团队的开发速度
Trap: Compare Teams' Velocity Instead of an Individual Team's Progress

管理层往往喜欢把几个团队的开发速度做比较。问题在于，每个团队面对的领域不同、团队成员人数不一样、代码库也有差别，比较开发速度毫无意义。

你可以问问管理层为什么要做这种比较。如果管理层希望知道的是团队的功能完成情况，你可以向他们展示产品功能完成情况图（见图 14-1）；如果管理层希望知道延迟情况，可以向他们展示项目的延迟情况图（见图 14-4）。

不同的开发团队是没有可比性的。与其做这种比较，不如问问管理层真正想知道什么。

14.7.3　陷阱：WIP 无处不在
Trap: WIP Is Everywhere

团队的 WIP 过多有各种各样原因。一种是团队只完成了部分功能集，因此无法发布（见 14.4 节）。

有时，团队为了开发产品基本框架，先实现了一点管理功能、一点搜索功能、一点计费功能。但是这些都只完成了一部分，暂时无法发布。

有些团队的产品负责人总是不停要求团队开发他想要的功能（见 6.12.1 节），导致团队从未完成一个完整的功能集。

还有些团队陷入"单打独斗"（见 8.7.2 节）和"各自为政"的陷阱（见 10.11.1 节）。

如果遇到这些情况，你可以采取以下措施：

- 用图表把 WIP 展示出来，比如环节负荷图（见图 12-11）。

- 采用 CD3 的形式计算延迟成本（见表 14-2）。

- 限制 WIP 数量，包括已完成但未发布的功能（见图 14-3）。

作为领导者，你应该让团队看到 WIP 过多的成本和代价。

14.8 思考与练习
Now Try This

1. 报告项目进展时，尽可能向管理层、客户展示系统的"垂直切片"。如果你的产品只能演示，还无法发布，用这种方式可以帮助大家看清产品的走向。

2. 尽可能展示已完成的功能。记住，客户需要的是功能。

3. 展示执行多任务对项目进展的影响。如果团队遇到其他问题，也要尽可能用数据说话。

我们已经理解了建立完整的敏捷团队的重要性。本书第三部分将介绍其他类型的工作组如何运用敏捷方法。

工作组如何运用敏捷方法

Help Work Groups and Managers Use Agile

第 15 章

打造敏捷工作组

Create an Agile Work Group

除了产品开发团队，公司通常还有其他类型的团队，比如客户支持团队、为公司内部提供技术支持的团队、人力资源（HR）团队、销售团队、管理团队等。为了与开发团队区分开，我们姑且叫它们工作组吧。

这些工作组的协作主要是通过开会进行的，它们能运用敏捷方法吗？虽然它们很少使用迭代，但也需要定期沟通，了解工作进展，因此也可以运用敏捷方法。

虽然这些工作组不需要交付产品，也不是跨职能团队，但是第 3 章介绍的培养团队协作能力的方法对它们同样适用。

让我们看看它们如何运用敏捷方法。

15.1 工作组的开会方式

Work Groups Meet Differently than Teams

工作组虽然通常不需要开每日站会，但需要定期检查工作结果、布置任务。

工作组的成员通常都在做类似的工作，比如客户支持。他们可以在开会时作回顾，以便改进工作。

如果不是必须严格按顺序处理的工作，那么工作组通常需要做某种形式的规划。例如，传统的客户支持工作需要管理者先对任务进行分类。如果你想借鉴敏捷方法，可以让客户支持工作组，按照一定的节奏规划任务，比如每天早上让工作组成员共同规划这一天的工作。

效仿敏捷方法

无论是客户支持、财务、HR，还是销售，都可以从使用敏捷方法中受益。区别在于，这些工作小组的成员通常是独立工作的，而敏捷团队则非常依赖协作。

假设你在客户支持部门工作。你要按顺序处理客户的请求，处理完一个请求后，接着处理下一个请求。

如果你遇到不知道如何处理的客户请求怎么办？敏捷方法也不知道该怎么做，但是我们可以借鉴结对的工作方式。如果你不知道如何处理，那就请一位有经验的同事和你一起处理。

职能部门的工作组还可以效仿敏捷方法对困难的工作进行拆分，以便可以分块完成，同时也便于展示和管理进度。如果你愿意，甚至还可以尝试限制工作组的 WIP 数量。

开会的频率也可以更敏捷，这主要取决于工作组的具体工作内容，以及你认为多久做一次回顾比较合适。回顾可以有效改善工作效果（见 13.1 节）。

15.2　展示工作进展和数据
How Will the Group Visualize Its Work and Data?

所有工作组的情况都不一样，因此不可能采用统一的展示板。我认为工作组大致可以分为两类：一类是组员有共同的工作流（如客户支持、培训）；另一类是组员各自独立工作。

我将针对这两类工作组展开讨论。如果你的工作组有更特殊的情况，可以考虑以下原则：尽可能将工作进展变得可视化；跟踪记录工作进度；突出标明处于停滞状态的任务。

15.2.1 展示共同的工作流
Visualize Similar Kinds of Work in Similar Flows

客户支持工作经常会被打断，因此不适合采用固定周期的迭代方式。但是可以考虑采用基于工作流的敏捷方法，同时限制 WIP 数量。

某客户支持工作组采用如图 15-1 所示的看板记录工作进度。该工作组具有稳定的工作节奏。新的任务请求会放进"任务"栏（左起第 1 栏）。每天，工作组从任务栏里取出一些任务请求，把它们放到"准备排序"栏。按优先级排序后的任务会进入"准备开始"栏。

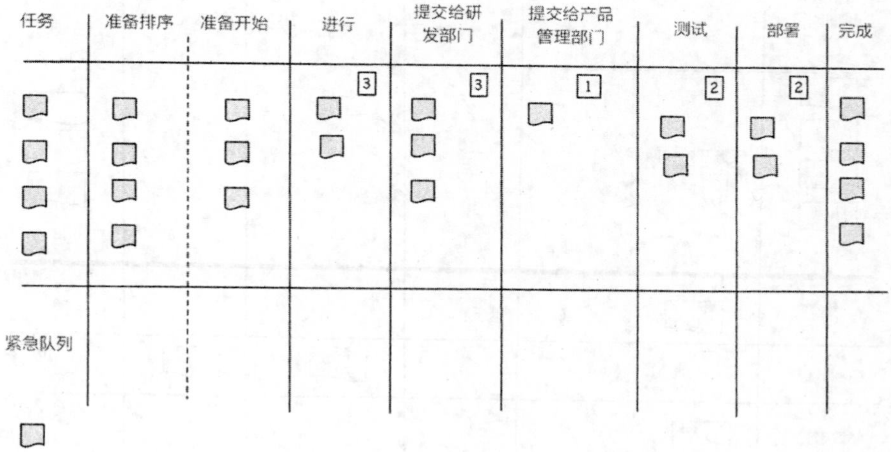

图 15-1　某客户支持工作组采用的看板

该看板接下来的几栏设有 WIP 数量限制。"进行"栏里是正在处理的任务。如果遇到无法处理的问题，可以"提交给研发部门"或者"提交给产品管理部门"。处理后的任务要接受"测试"，测试后进行部署。如果一切就绪，任务就会进入"完成"栏。

为工作流设置 WIP 数量限制，可以有效降低工作压力，提高工作效率。

15.2.2　展示独立的工作

Visualization for Independent Members in a Group

如果是第二类工作组（如人力资源、财务、销售），也可以借鉴敏捷方法。

人力资源通常有如下几个独立的工作流：招聘、管理福利、绩效考核；财务的工作流：应付账款、应收账款、采购、税收。销售人员通常是独立工作的。

我建议为每个独立的工作流设置看板。这里我以人力资源为例，讲解如何使用看板（见图 15-2）。

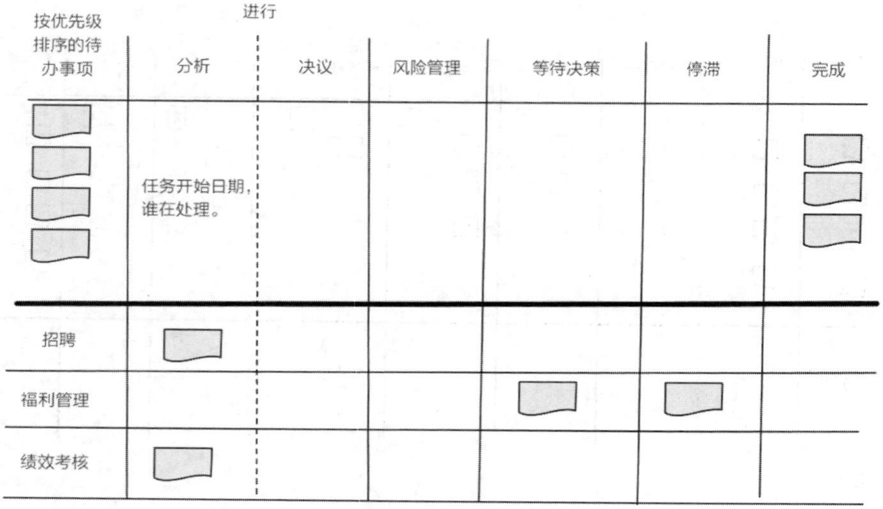

图 15-2　人力资源部门使用的看板

图 15-2 左起第一栏是"按优先级排序的待办事项"。每个工作流都有自己的"泳道"，大家可以清楚地看到任务所处的位置。"进行"栏里是正在处理的任务，其下又分为"分析"和"决议"两个子栏。遇到有风险的任务，可以移进"风险管理"栏。

有些任务需要等其他人做决策，这些任务可以放进"等待决策"栏。"停滞"栏里是那些没有进展的任务。

各个工作组的情况都不一样，所以我无法给出标准的看板。适合你自己的才是最好的。看板的设计最好由组员一起完成，他们清楚应该展示哪些工作状态。看板最好先挂在墙上，一边使用一边改进。大家很快就会发现使用看板的好处。

Joe 提问：

工作组何时需要一起工作？

你可能想知道工作组是否可以采用结对、攻关、围攻的方式工作。这取决于工作组成员的知识结构。如果每个人掌握的专业知识都不一样，那么攻关或围攻的方式可以提高工作效率。结对和围攻可以为人们彼此学习提供机会。如果工作组遇到了棘手的问题，需要几个人的专业知识才能解决，那么就可以采用攻关或围攻的方式工作。

当然，在具体运用时，应该综合考虑解决问题需要哪些专业知识，以及解决问题的紧迫性。这样才能找到适合工作组的工作方式。

15.3 让管理者展示工作进度
Visualize Work for a Management Team

各个职能部门的管理者也需要协作，以便解决公司经营过程中遇到的问题，以及为产品开发团队消除障碍。

职能部门的管理者往往要面对多个项目，协调资源的分配。如果管理者能够以某种方式展示自己的工作进度，增加工作的透明度，那么不但他们之间的合作会变得更容易，整个公司也将从中获益。

看板也可以用来展示多个职能部门的工作进度（见图 15-3）。

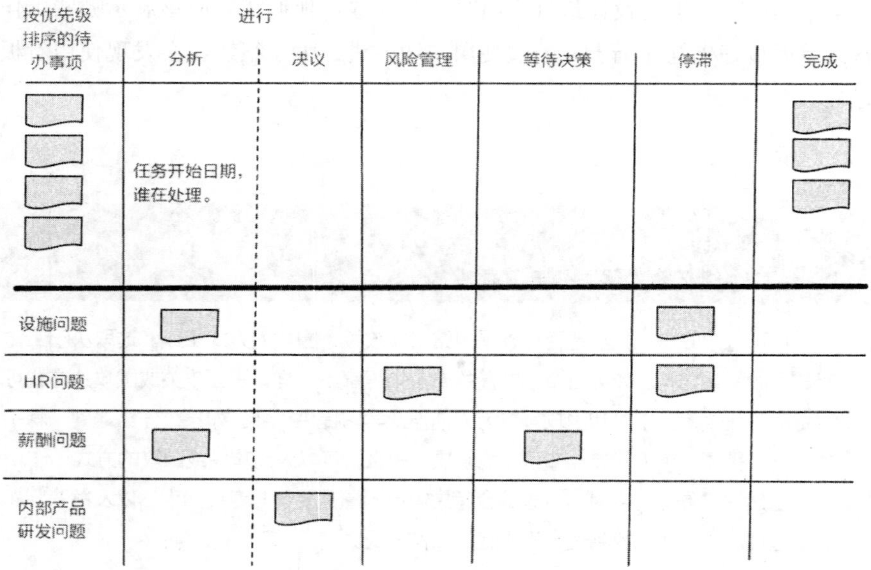

图 15-3　多个职能部门的工作进度

图 15-3 与图 15-2 很像，区别在于最下面几行显示的是各个职能部门的工作进度。如果各职能部门也能像这样展示工作进度，整个公司将变得更加敏捷。

当然，管理者不一定非要使用看板。只要能增加工作的透明度，可以采用其他展示形式。

15.4　工作组定期作回顾
Every Group Decides How and When to Reflect

我建议所有工作组定期作回顾。回顾可以帮助人们了解进度、验证假设。回顾越频繁，收集的数据就越多，大家对工作的理解就越深，也就越容易决定下一步的工作方向。

工作组作回顾前，可以考虑准备以下数据：

•任务工期。比如每个客户支持任务花了多长时间。如果工期在增加，请找出原因。常见的原因包括产品缺陷过多、技术支持人员在休假、超负荷工作等。

　　•工作组的环节负荷图。环节负荷图（见 12.5 节）展示了团队的工作状态，它能帮助你发现哪个环节成了瓶颈，哪个环节任务不饱满。

　　•单位时间内收到多少新任务、完成了多少任务，还有哪些任务没有完成。虽然不同的工作组（如客户支持团队、人力资源部门）的任务不一样，但是统计数据一样可以帮助它们跟踪工作进度。

　　这些数据将帮助大家决定接下来如何改进工作方式。

15.5　思考与练习
Now Try This

1. 使用看板展示工作流，不要害怕添加等待状态。

2. 问问大家希望统计哪些数据。我建议至少要统计等待时间。

3. 问问工作组需要多久集中一次，一起解决问题。以这个节奏召开工作组会议，查看展示板并更新数据。回顾的频率只能比会议频率高，不能比会议频率低。

第 16 章

管理者如何帮助敏捷团队
How Managers Help Agile Teams

公司的技术领导、各种经理、董事、总裁都有某些权力，我把他们统称为管理者。管理者的决策直接影响着敏捷团队的工作。我曾听到不少敏捷团队说："敏捷方法不需要管理者"。这些人错了。

管理者能够帮助敏捷团队消除团队自身无法克服的障碍。当然，他们也能给敏捷团队制造麻烦。他们的决策造就了公司的文化。如果你能帮助管理者看到敏捷方法的价值，他们就有动力营造出更敏捷的公司文化。反之，敏捷团队就很难开展工作。

管理者可以采取许多方式支持敏捷团队。例如，为团队设立一位产品负责人，而不是增加额外的管理人员。要知道，我见过的许多团队都没有产品负责人。

让我们具体看看管理者能从哪些方面帮助敏捷团队开展工作：

• 消除团队自身无法克服的障碍。

• 为团队创造合适的工作环境，让团队更轻松地进行协作。

• 从提高人员利用率转向实现"快速流动"。

• 改变考核机制。

16.1　消除团队自身无法克服的障碍
Managers Resolve Impediments the Team Escalates

第 8.5 节曾介绍如何在看板上展示团队遇到的问题（见图 8-7），其中有一栏是"等候外部决策"。当团队遇到自己无法解决的问题时，就只能把问题提交给相应的管理者。

团队自身无法解决的问题通常是系统性问题。比如，开发团队需要部署团队的配合才能发布产品；再比如，项目当初制定的开发预算不足，等等。

好的管理者应该考虑："我应该怎么做才能帮助团队创造价值？"管理者应该设法优化团队的价值流。

如果你对这个话题感兴趣，可以阅读《Behind Closed Doors》[RD05]和我写的一篇文章。[7]

16.2　为团队创造合适的工作环境
Managers Help Create the Workspace Your Team Needs

理想情况下，每个敏捷团队都应该有合适的工作环境，以便开展合作（比如结对、围攻、回顾展示板、创建和更新团队数据等）。

除了在一起工作，人们还需要私人空间，以便可以安静地思考。

管理者可以问问团队需要什么样的工作环境和空间，毕竟每个团队的需求都不一样。

---

[7] https://www.jrothman.com/articles/2010/03/agile-managers-the-essence-of-leadership-2

为团队提供合适的工作空间

作者：Ben，CTO

我记得项目经理对我提出了一个疯狂的请求。他希望为团队提供足够的私人空间，以便他们可以"躲在"里面工作。

我从事软件开发和管理工作这么多年，从来没收到过这么滑稽的请求。后来，这位经理请我用一个小时观察团队的工作情况。

首先，我旁观了他们的站会。好吧，我承认，大家挺身而出、承诺互相帮助完成工作给我留下了印象的深刻。可他们是团队，团队不就应该这样吗？

然后我又看到有人结对工作（开发人员和测试人员一起解决问题）。这有点意外。由于没有足够的空间，他俩不得不挤在一起。后来，这位测试人员告诉我，她更喜欢在家工作，因为家里有足够的空间。我猜她是想说办公区域太小。

我还看到三人甚至四人挤在一张桌子前工作。这个团队的工作效率给我留下了深刻的印象。我当即决定为他们改善工作环境。当然，前提是他们能保持这样的工作效率。

并非所有团队都需要大面积的工作空间，如果团队成员可以在异地上班，那么大家需要的只是几个摄像头和相应的通信工具。

16.3　从提高人员利用率转向实现快速流动
Managers Move from Resource-Efficiency to Flow-Efficiency Thinking

许多管理者把人看成一种可以调配的"资源"，并且希望尽量提高这种"资源"的利用率，仿佛知识工作者有着像机器一样固定不变的工作效率。然而这种利用率对团队合作来说是没有意义的。

成熟的管理者明白这种想法是错误的，但苦于找不到其他选择。敏捷方法给他们带来了希望。

把人看成"资源"的管理者认为按专业拆分和分配工作效率更高，于是团队中出现了各种专业人士（见图 16-1）。

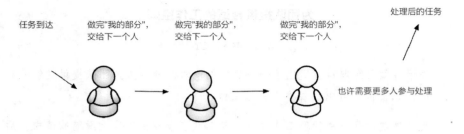

图 16-1　提高人员利用率的方式

　　这些管理者会要求员工同时参加几个项目，以便提高人员的利用率，同时专业分工也越来越细。问题是，这种高利用率对知识工作是有害的。人们需要时间思考和创新。用可视化的方式展示项目的延迟情况，可以帮助管理者认识到把人当成"资源"的问题（见 14.5 节）。

　　正确的做法是鼓励合作，让任务快速从团队中流过，提高团队的吞吐量，创造更多的价值。这样才能更快地完成工作。

　　要实现这种快速的任务"流动"，管理者需要做到以下几件事：

・合理规划公司的项目，避免让开发团队同时执行多个任务。

・建立完整稳定的协作团队，保证每个团队具备独立开发产品的能力和技能。

・帮助团队提高任务吞吐量（见图 16-2），而不是人员利用率。

图 16-2　提高团队吞吐量的方式

　　追求人员利用率最大化的管理者有一个特点，那就是喜欢命令或指导开发团队的工作。敏捷团队是自我管理的，团队只接受产品负责人的指导。如果管理者直接指导开发人员、测试人员，那么团队就无法实现自我管理。

管理者直接下达指令会导致团队无法有效合作，因为总有一些团队成员在执行其他项目的任务。请记住，无法实现全体协作的团队不是敏捷团队（见 9.5 节）。

敏捷方法是一种以人为本的工作方法。要让管理者明白，只有通过鼓励合作，实现任务的"快速流动"，才能最高效地完成工作。

"共享服务" 不敏捷

许多人认为产品开发需要开发团队加上另外一些 "共享服务" 才能完成。这些 "共享服务" 包括 UI/UX 设计、测试等，它们由多个项目组共享。

但是这种做法很不敏捷。敏捷方法不提倡 "共享服务"。敏捷团队应该包含开发产品所需的所有角色和能力。

"共享服务" 是把人当成 "资源" 使用，并且追求这种 "资源" 利用率最大化的结果。它实际上会降低敏捷团队的吞吐量。如果公司希望让敏捷团队创造更多的价值，就应该尽早放弃这种思维方式。

16.4　改变考核机制
Managers Help with Team-Based Recognition

从提高人员利用率转向实现"快速流动"后，管理者还需要改变对团队的考核方式。敏捷方法不赞成考核个人的绩效，而是鼓励考核团队的绩效。

这将带来巨大的变化。

你的团队是否正在变得分工越来越明确，每个人都只负责自己专业内的工作？如果是这样，那就该思考修改考核和奖励机制了。

考核排名没有意义

作者：Stacy，产品开发副总裁

多年来，我一直不喜欢给下属打分。如果我给所有人打 5 分，人力资源就会抗议说，不可能大家都表现得这么好。如果我给所有人打 3 分，我又拿不到给大家加薪的额度。在这件事上，我十分为难。

后来我们开始运用敏捷方法。我不得不说，限制 WIP 数量后，所有团队的吞吐量都增加了，这让我感到十分意外。团队合作的效果发挥出来了，问题是，现在我要如何给他们打分呢？

我带着 HR 参观团队的工作。开发人员仍然是那些开发人员，测试人员仍然是那些测试人员，但是他们开始互相反馈和指导。他们甚至在管理者发现之前就把问题解决了，于是管理者就有精力指导解决真正的难题了。

采用敏捷方法大约 14 个月后，大家都认识到了它的价值，是时候改变考核机制了。

HR 提议以团队为单位进行考核排名。可我认为这样考核也没有意义，因为每个团队做的项目都不一样。最后，HR 逐个找每个员工聊天，了解他们当年的个人规划和目标，并设法帮助大家完成任务。

去年我们不再对每个人进行排名了，大家都很开心。这正是我希望看到的。

敏捷方法是一种强调团队合作的工作方法，因此需要以团队为单位开展考核和奖励。

16.5　避免管理混乱
Avoid Management Mayhem

管理者拥有权力，因此很容易在无意识的情况下造成管理混乱。

以下是一些常见的由管理者引起的问题：

• 管理者根据专业分工将某人塞进团队，或者将他调离团队。

• 管理者不懂得限制 WIP 数量。

•管理者不重视团队的完整性和稳定性，导致团队没有能力独立完成产品开发。

•管理者指责个别团队成员没有完成工作或工作失误。

停止指责同事

作者：Cliff，研发副总裁

以往，我习惯在工作中指责同事，那时我的思维是："这是你的工作，你做不好，那就是你的错。"

团队采用敏捷方法后，我仍然没有改变自己的管理风格。

有一天，我下面的四个经理来找我。他们说如果我不改变指责别人的作风，他们就一起辞职。

一位经理说我总是在开会时尖叫，她厌倦了在我身边工作。其他三位也表达了同样的想法。他们说我的管理方式已经失控，影响到了自己和大家的工作效率。

我实话实说，没有了他们，我肯定无法正常开展工作。他们都笑了。他们很高兴我能认识到问题。他们很喜欢公司和团队，问题出在我身上。

最后他们没有辞职。而我开始学习如何管理自己的情绪。现在我明白，那天他们是在给我反馈和指导。这也是敏捷方法的工作方式。

这里只指出了常见的管理错误。要想培养健全的敏捷文化，还需要管理者多下功夫。

6.6　明白管理者如何帮助敏捷团队
Recognize How Managers Can Help Agile Teams

前面几章都指出了相应的陷阱。这里我不想再讲陷阱，因为当管理者已经够难的了。相反，我建议管理者从以下三个方面帮助敏捷团队：

- 鼓励团队合作。

- 鼓励"少"的思维

- 优化流程。

16.6.1　鼓励团队协作
How Managers Can Encourage Collaborative Work

敏捷方法带来了工作方式的转变。最主要的转变是强调团队合作。敏捷文化为工作在团队中快速流动提供了可能；管理者可以采用基于团队的考核与奖励机制。

管理者应该合理规划多个项目，以便每次只有一个项目从团队中流过。同时，应该考虑取消对个人的考核和奖励，转而以团队为单位进行考核。

16.6.2　鼓励"少"的思维
How Managers Can Encourage "How Little" Thinking

在传统的公司里，管理者习惯指导其他人工作，这会导致一种"尽量多做"的思维方式。但是敏捷项目的管理者应该问问自己："有没有可能少指手画脚？"

管理者陷入"尽量多做"的思维方式主要是担心无法完成项目，而这种担心多半是因为对同事不够信任。敏捷方法通过定期交付和反馈，帮助管理者与团队建立起足够的信任，可以解决这个问题。当管理者看到团队定期地、持续地交付价值时，他们就不会那么担心了。实现定期交付是建立这种信任的关键。

16.6.3　优化流程
How Managers Can Help Optimize Up

有时团队成员会遇到一些让他们抓狂的问题。这些问题他们自己无法解决，只有管理者才能从全局的角度加以解决。

管理者应该理解精益的思想（见 1.4 节），培养自己的大局观，以便优化流程，帮助团队创造更多的价值。着眼大局、消除浪费、尽快交付，这些理念很容易引起管理者的共鸣。在优化流程的过程中，管理者应该优先考虑如何让团队更快地完成交付，而不是人员的利用率；应该优先考虑部门的目标，而不是个别团队的任务。

16.7　思考与练习
Now Try This

1. 邀请管理者参观团队的工作，帮助管理者理解工作环境的重要性。

2. 通过统计吞吐量、WIP、延迟成本，让管理者重视团队的完整性和稳定性。

3. 与管理层协商采取以团队为单位的考核与奖励机制。

第 17 章

从哪里开始

Start Somewhere

第一次运用敏捷方法的人总会有各种顾虑。你可能会担心敏捷方法已经过时了；或者担心敏捷方法不过是另一种项目管理方式，换汤不换药。

有些人认为敏捷方法是给团队用的，所以管理者和公司不需要做什么改变。还有些人接受不了敏捷方法要求的透明度。

你可能还会有其他的担心，比如团队没有产品负责人，或者管理者不愿意放权，导致团队无法实现自我管理，等等。

在这些顾虑面前，你可能会感到无从下手。本章可以为你提供一点动手的思路。通常，你只要做到两点（限制 WIP 数量、强调团队合作），就能实现更快地交付。

当然，你必须先经过团队的允许才能这样做。强迫大家运用敏捷方法强通常是不会有好结果的。

如果你不知道从哪里开始，可以从以下几个方面动手。

17.1　限制 WIP 数量

Limit the Work in Progress

敏捷方法最有效的做法是限制团队的 WIP 数量。固定周期的敏捷方法通过时间间接限制 WIP 数量；而基于工作流的敏捷方法则直接限制 WIP 数量。

限制 WIP 数量将大大提高团队完成工作的可能性，同时还会提高工作的完成质量和技术水平。

最好使用看板向团队展示工作流。在看板上明确限制 WIP 数量。确保 WIP 数量不高于团队人数的一半，这样就能迫使大家在有限的工作上结对工作，开展合作。

17.2　强调团队合作
Ask People to Work as a Cross-Functional Team

敏捷方法会改变团队甚至公司的组织结构。敏捷团队成员只习惯对团队和产品负责，而不必向管理者汇报工作。这种变化不是每个人都能接受的。

出现这种组织结构的变化后，有些管理者可能会担心被夺权。因为以前向他报告工作的人现在不需要再向他们报告了。而且管理者也不能再随意将某个人从一个项目调到另一个项目。

团队成员也不一定喜欢这种变化。架构师可能不愿意放弃原来享有的地位。开发人员、UI 设计师、测试人员可能不愿意承担专业以外的工作。这些人如何组成一个完整的团队呢？

我的建议是，先不要明显地改变组织结构，也不要取消谁向谁报告工作。先要让大家一起合作完成任务，帮助团队学习如何定期交付价值。团队创造的价值越多，敏捷方法就越容易站稳脚跟。

17.3　从你自己开始
Start with Yourself

不管公司或团队是如何运用敏捷方法的，你都可以先从自身做起，考虑如何在工作中运用敏捷方法：

• 如何提高自己工作的透明度？使用带有 WIP 数量限制的个人看板？

• 如何与其他人协作，让别人参与你的工作？比如，与其自己制定项目章程，不如与团队一起做（注意限制时间）；与其让别人来问你项目的进度，不如采取某种方式向大家展示每天的进度；与其自己消除团队障碍，不如与其他管理者一起讨论解决办法。

•如何以积极的心态面对工作？遇到困难，你能把它看成一个学习和创造更好结果的机会吗？

团队成员以管理者为榜样，你的工作方法和心态将帮助大家更好地接受敏捷方法。

17.4　最后的祝福
Last Thoughts

记住，追求"敏捷"不是我们的最终目标。运用敏捷方法是为了与客户、业务人员合作，拥抱变化，更快地创造价值。

如果你能做到这些，你就会越来越成功。

衷心祝愿大家运用敏捷方法取得成功。

参考文献

Bibliography

[AE14]   Gojko Adzic and David Evans. **Fifty Quick Ideas to Improve Your User Stories** . Neuri Consulting LLP, London, UK, 2014.

[AK11]   Teresa Amabile and Steven Kramer. **The Progress Principle: Using Small Wins to Ignite Joy, Engagement, and Creativity at Work** . Harvard Business Review Press, Brighton, MA, 2011.

[Bec00]   Kent Beck. **Extreme Programming Explained: Embrace Change** . Addison-Wesley Longman, Boston, MA, 2000.

[Bec10]   Kent Beck. **Test Driven Development** . The Pragmatic Bookshelf, Raleigh, NC, 2010.

[Ber15]   David Scott Bernstein. **Beyond Legacy Code** . The Pragmatic Bookshelf, Raleigh, NC, 2015.

[Bos14]   Laurent Bossavit. **The Leprechauns of Software Engineering: How folklore turns into fact and what to do about it** . LeanPub, https://leanpub.com, 2014.

[Bro16]   Gil Broza . **The Agile Mind-Set** . 3P Vantage Media, Toronto, CA, 2016.

[CdL99]   Peter Coad, Jeff de Luca, and Eric Lefbvre. **Java Modeling In Color With UML: Enterprise Components and Process** . Prentice Hall, Englewood Cliffs, NJ, 1999.

[CG08]   Lisa Crispin and Janet Gregory. **Agile Testing: A Practical Guide for Testers and Agile Teams** . Addison-Wesley, Boston, MA, 2008.

[CG14]   Lisa Crispin and Janet Gregory. **More Agile Testing: Learning Journeys for the Whole Team** . Addison-Wesley, Boston, MA, 2014.

[CKM90]   Douglas P. Champion, David H. Kiel, and Jean A. McLendon. Choosing a Consulting Role: Principles and Dynamics of Matching Role to Situation. **Training & Development Journal** . 1990, February.

[Coh04]   Mike Cohn. **User Stories Applied: For Agile Software Development** . Addison-Wesley Professional, Boston, MA, 2004.

[Coh05]   Mike Cohn. **Agile Estimating and Planning** . Prentice Hall, Englewood Cliffs, NJ, 2005.

[DS06]   Esther Derby and Diana Larsen, Foreword by Ken Schwaber. **Agile Retrospectives** . The Pragmatic Bookshelf, Raleigh, NC, 2006.

[Dwe07]   Carol Dweck . **Mindset: The New Psychology of Success** . Ballantine Books, New York, NY, 2007.

[Edm12]   Amy C. Edmondson . **Teaming: How Organizations Learn, Innovate, and Compete in the Knowledge Economy** . Jossey-Bass Publishers, San Francisco, CA, 2012.

[Fea04]   Michael Feathers. **Working Effectively with Legacy Code** . Prentice Hall, Englewood Cliffs, NJ, 2004.

[GL15]   Luis Gonçalves and Ben Linders. **Getting Value out of Agile Retrospectives: A Toolbox of Retrospective Exercises** . LeanPub, https://leanpub.com, 2015.

[Hac02]   J. Richard Hackman . **Leading Teams: Setting the Stage for Great Performance** . Harvard Business Review Press, Brighton, MA, 2002.

[HF10]   Jez Humble and David Farley. **Continuous Delivery: Reliable Software Releases Through Build, Test, and Deployment Automation** . Addison-Wesley, Boston, MA, 2010.

[HHM10]   Geert Hofstede, Gert Hofstede, and Michael Minkov. **Cultures and Organizations: Software of the Mind, Third Edition** . McGraw-Hill, Emeryville, CA, 2010.

[Hig99]   James A. Highsmith III. **Adaptive Software Development: A Collaborative Approach to Managing Complex Systems** . Dorset House, New York, NY, 1999.

[HT00]   Andrew Hunt and David Thomas. **The Pragmatic Programmer: From Journeyman to Master** . Addison-Wesley, Boston, MA, 2000.

[HT99]   Andrew Hunt and David Thomas. **The Pragmatic Programmer** . The Pragmatic Bookshelf, Raleigh, NC, 1999.

[Hun08]   Andy Hunt. **Pragmatic Thinking and Learning** . The Pragmatic Bookshelf, Raleigh, NC, 2008.

[Jef15]   Ron Jeffries. **The Nature of Software Development**. The Pragmatic Bookshelf, Raleigh, NC, 2015.

[Jon98]   Capers Jones. **Estimating Software Costs**. McGraw-Hill, Emeryville, CA, 1998.

[Kei08]   Kent M. Keith. **The Case for Servant Leadership**. The Greenleaf Center for Servant Leadership, Atlanta, GA, 2008.

[KLTF96]   Sam Kaner, Lenny Lind, Catherine Toldi, Sarah Fisk, and Duane Berger. **The Facilitator's Guide to Participatory Decision-Making**. New Society Publishers, Gabriola Island, BC, Canada, 1996.

[KS99]   Jon R. Katzenbach and Douglas K. Smith. **The Wisdom of Teams: Creating the High-Performance Organization**. HarperCollins Publishers, New York, NY, 1999.

[Kut13]   Joe Kutner. **Remote Pairing**. The Pragmatic Bookshelf, Raleigh, NC, 2013.

[Lik04]   Jeffrey Liker. **The Toyota Way**. McGraw-Hill, Emeryville, CA, 2004.

[LO11]   Jeff Langr and Tim Ottinger. **Agile in a Flash**. The Pragmatic Bookshelf, Raleigh, NC, 2011.

[Mar08]   Robert C. Martin. **Clean Code: A Handbook of Agile Software Craftsmanship**. Prentice Hall, Englewood Cliffs, NJ, 2008.

[McC96]   Steve McConnell. **Rapid Development: Taming Wild Software Schedules**. Microsoft Press, Redmond, WA, 1996.

[Mey93]   Christopher Meyer. **Fast Cycle Time: How to Align Purpose, Strategy, and Structure for Speed**. The Free Press, New York, NY, 1993.

[MM15]   Sandy Mamoli and David Mole. **Creating Great Teams**. The Pragmatic Bookshelf, Raleigh, NC, 2015.

[Moo91]   Geoffrey A. Moore. **Crossing the Chasm**. Harper Business, New York, NY, 1991.

[MÅ13]   Niklas Modig and Pär Åhlström. **This Is Lean: Resolving the Efficiency Paradox**. Rheologica Publishing, Sweden, 2013.

[Ohn88]   Taiichi Ohno. **Toyota Production System: Beyond Large Scale Production**. Productivity Press, New York, NY, First edition, 1988.

[Pat14]   Jeff Patton. **User Story Mapping: Discover the Whole Story, Build the Right Product**. O'Reilly & Associates, Inc., Sebastopol, CA, 2014.

[PP03]   Mary Poppendieck and Tom Poppendieck. **Lean Software Development: An Agile Toolkit for Software Development Managers**. Addison-Wesley, Boston, MA, 2003.

[RD05]   Johanna Rothman and Esther Derby. **Behind Closed Doors**. The Pragmatic Bookshelf, Raleigh, NC, 2005.

[RE16]   Johanna Rothman and Jutta Eckstein. **Diving for Hidden Treasures: Uncovering the Cost of Delay in Your Project Portfolio**. Practical Ink, Arlington, MA, 2016.

[Rei09]   Donald G. Reinertsen. **The Principles of Product Development Flow: Second Generation Lean Product Development**. Celeritas Publishing, Redondo Beach, CA, 2009.

[Rei97]   Donald G. Reinertsen. **Managing the Design Factory**. The Free Press, New York, NY, 1997.

[Rie11]   Eric Ries. **The Lean Startup: How Today's Entrepreneurs Use Continuous Innovation to Create Radically Successful Businesses**. Crown Business, New York, NY, 2011.

[Roc08]   David Rock. SCARF: a brain-based model for collaborating with and influencing others. **NeuroLeadership Journal**. 1-9, 2008, Issue 1.

[Rot02]   Johanna Rothman. Release Criteria: Is This Software Done?. **STQE**. 4[2]:30–35, 2002.

[Rot07]   Johanna Rothman. **Manage It!**. The Pragmatic Bookshelf, Raleigh, NC, 2007.

[Rot13]   Johanna Rothman. **Hiring Geeks That Fit**. The Pragmatic Bookshelf, Raleigh, NC, 2013.

[Rot15]   Johanna Rothman. **Predicting the Unpredictable**. The Pragmatic Bookshelf, Raleigh, NC, 2015.

[Rot16]   Johanna Rothman. **Agile and Lean Program Management**. The Pragmatic Bookshelf, Raleigh, NC, 2016.

[Rot16a] Johanna Rothman. **Manage Your Project Portfolio, Second Edition**. The Pragmatic Bookshelf, Raleigh, NC, 2016.

[Rot99]   Johanna Rothman. How to Use Inch-Pebbles When You Think You Can't. **American Programmer**. 12[5]:24–29, 1999.

[Sch10]   Edgar H. Schein. **Organizational Culture and Leadership**. Jossey-Bass Publishers, San Francisco, CA, 2010.

[SF01]   Robert C. Solomon and Fernando Flores. **Building Trust in Business, Politics, Relationships, and Life**. Oxford University Press, New York, NY, 2001.

[SH06]   Venkat Subramaniam and Andy Hunt. **Practices of an Agile Developer**. The Pragmatic Bookshelf, Raleigh, NC, 2006.

[Sin14]   Andy Singleton. **Unblock! A Guide to the New Continuous Agile: Release software more frequently to fly past your competitors**. Assembla, Inc., Waltham, MA, 2014.

[SR98]   Preston G. Smith and Donald G. Reinertson. **Developing Products in Half the Time: New Rules, New Tools**. John Wiley & Sons, New York, NY, Second edition, 1998.

[Sut06]   Robert I. Sutton. **Weird Ideas That Work: How to Build a Creative Company**. The Free Press, New York, NY, 2006.

[TJ77]   Bruce W. Tuckman and Mary Ann C. Jensen. Stages of Small Group Development Revisited. **Group and Organizational Studies**. 2:419–427, 1977.

[TN86]   Hirotaka Takeuchi and Ikujiro Nonaka. The New New Product Development Game. **Harvard Business Review**. 1986, January.

[War07]   Allen C. Ward. **Lean Product and Process Development**. The Lean Enterprise Institute, Inc., Cambridge, MA, 2007.

[Wei15]   Gerald M. Weinberg. **What Did You Say? The Art of Giving and Receiving Feedback**. LeanPub, https://leanpub.com, 2015.

[Wei92]   Gerald M. Weinberg. **Quality Software Management: Volume 1, Systems Thinking**. Dorset House, New York, NY, 1992.

[WJ96]   James P. Womack and Daniel T. Jones. **Lean Thinking**. Simon and Schuster, New York, NY, 1996.

[WK02]   Laurie Williams and Robert Kessler. **Pair Programming Illuminated**. Addison-Wesley, Boston, MA, 2002.